圖解

不可思議的

人體

機密檔案

一般社團法人日本醫療教育協會

中島雅美

了解人體運作，享受健康生活

世界各地在二〇二〇年都面臨新型冠狀病毒（COVID-19）肆虐，媒體每天持續報導疫情發展，病毒在全世界大流行的狀態已經持續超過一年，歐美各國目前展現出來的態度是希望透過接種疫苗消弭疫情。若要說這次疫情帶來了什麼樣的啟示，那就是「人類永遠有能力面對眼前的問題及難關，並研發出醫療、科學技術加以解決」。媒體之所以從早到晚不停報導疫情相關新聞，也是因為無論身處哪個國家，全世界的人都必須了解新型冠狀病毒（COVID-19），並朝解決的方向前進。

人類的生命並非永恆，一旦出生，遲早會迎接死亡的到來。但無論如何，能夠降臨在這個世界上，終究是一種緣分。每個人都希望自己能免於遭逢意外、不幸的疾病或死亡侵襲，健康度過一生，安享天年。我認為，想達成這樣的心願，首先要做的，就是認識自己身體的各種「現象」。「不明所以的不舒服、沒來由地不安、無緣無故覺得身體不對勁」，為什麼一直出現這些狀況？這時該做的第一件事，是了解自己身體是如何運作的。想

知道「為何」、「為什麼」的念頭會進一步發展出好奇「原理是什麼」、「如何運作的」等疑問，然後產生「用這個方式解決好了」的想法。換句話說，「了解」是尋求「解決之道」的重要原動力，最終能幫助我們找到「解決之道」。

上面提到的思維，並非專屬於少部分從事特殊研究的人，而是所有活在這個世界上的人都能擁有的想法。我希望每個人可以先從「認識自己身體的奧祕與運作方式」做起，並衷心期盼大家享受閱讀本書的過程，進而透過「了解身體的運作方式」、「明白人體各種現象的背後原因」，擁有健康幸福的生活、享受美好人生。

一般社團法人日本醫療教育協會
中島雅美

CONTENTS

第 1 部
認識不可思議的人體

第 2 部
破解人體之謎

常見的健康迷思

認識身體的大小毛病

神奇的人體現象

破解老化之謎

本書特色與閱讀方式

本書是從「生理學」的觀點出發，以淺顯易懂的方式針對身體的各種惱人問題、令人好奇之處進行解說，幫助你過得更健康，還可以順便補充五花八門的冷知識。

第1部 認識不可思議的人體

將身體分為十個部分，依各部分的功能進行基本解說。認識人體各部位的作用、機制能幫助你更容易理解第二章的內容。

第2部 破解人體之謎

將六十二個與我們切身相關的疑問分為「常見的健康迷思」、「認識身體的大小毛病」、「神奇的人體現象」、「破解老化之謎」等四類，從人體運作機制的觀點提供講解。

功能分類：標示該頁的內容是關於身體哪個部位的功能。

標題：挑選出各種常見的健康相關疑問進行說明。

插圖：透過生動有趣的圖畫，幫助你理解文字部分的說明。

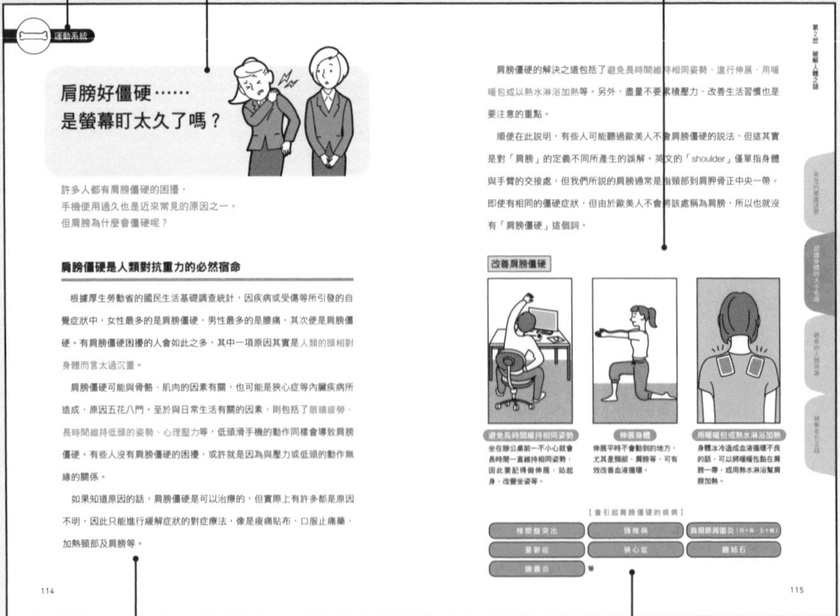

運動系統

肩膀好僵硬……
是螢幕盯太久了嗎？

許多人都有肩膀僵硬的困擾，
手機使用過久也是近來常見的原因之一。
但肩膀為什麼會僵硬呢？

肩膀僵硬是人類對抗重力的必然宿命

根據厚生勞動省的國民生活基礎調查統計，因疾病或受傷等所引發的自覺症狀中，女性最多的是肩膀僵硬，男性最多的是腰痛，其次便是肩膀僵硬。有肩膀僵硬困擾的人會如此之多，其中一項原因其實是人類的頭相對身體而言太過沉重。

肩膀僵硬可能與骨骼、肌肉的因素有關，也可能是狹心症等內臟疾病所造成，原因五花八門。至於與日常生活有關的因素，則包括了眼睛疲勞、長時間維持低頭的姿勢、心理壓力等，低頭滑手機的動作同樣會導致肩膀僵硬。有些人沒有肩膀僵硬的困擾，或許就是因為與壓力或低頭的動作無緣的關係。

如果知道原因的話，肩膀僵硬是可以治療的，但實際上有許多都是原因不明，因此只能進行緩解症狀的對症療法，像是痠痛貼布、口服止痛藥、加熱頸部及肩膀等。

114

第2部 破解人體之謎

肩膀僵硬的解決之道包括了避免長時間維持相同姿勢、進行伸展、用暖暖包或以熱水淋浴加熱等。另外，盡量不要累積壓力、改善生活習慣也是要注意的重點。

順便在此說明，有些人可能聽過歐美人不會肩膀僵硬的說法，但這其實是對「肩膀」的定義不同所產生的誤解。英文的「shoulder」僅單指身體與手臂的交接處，但我們所說的肩膀通常是指頸部到肩胛骨正中央一帶。即使有相同的僵硬症狀，但由於歐美人不會將該處稱為肩膀，所以也就沒有「肩膀僵硬」這個詞。

改善肩膀僵硬

避免長時間維持相同姿勢
坐在辦公桌前一不小心就會長時間一直維持相同姿勢，因此要記得做伸展、站起身、改變坐姿等。

伸展身體
伸展平時不會動到的地方，尤其是頸部、肩膀等，可有效改善血液循環。

用暖暖包或熱水淋浴加熱
身體冰冷造成血液循環不良的話，可以將暖暖包黏在肩膀一帶，或用熱水淋浴幫肩膀加熱。

【會引起肩膀僵硬的疾病】

椎間盤突出、頸椎病、肩關節周圍炎（四十肩、五十肩）、憂鬱症、狹心症、膽結石、膽囊炎等

115

解說：從生理學的觀點出發，解說各種問題的成因及解決之道等。

引發的相關疾病等：看似平凡的小毛病其實有可能是重大疾病的徵兆，若對身體狀況有疑慮的話，最好還是就醫。

第 1 部

認識

不可思議

的人體

人體是由微小的細胞、各式各樣的器官、感覺系統所組成。這一章會將人體分為十個部分，解說其構造及運作方式，帶你一窺人體的真實樣貌。

什麼是生理學、解剖學？

　　我們在日常活中，會從事「進食」、「呼吸」、「睡眠」等活動。這些我們習以為常的動作，其實都是透過各式各樣的人體機制進行的。「生理學」正是學習這些機制的一門學問。

　　生理學研究的是「人體細胞聚集在一起會發揮何種作用」、「人類如何維持生命活動」等人體的運作機制。廣義來說，「所有生物」的生理機制都是生理學研究的對象，但一般還是以研究人體為主。

　　除了生理學，另一門研究人體的重要學問是解剖學。生理學是學習人體的運作機制，解剖學則是學習人體構造及名稱，與生理學的關係密不可分。

　　若想深入認識人體，生理學與解剖學兩者都需要學習。本書會在解剖學的基礎上帶你理解人體構造，並透過生理學說明人體的運作機制及各種切身問題。

建立何者對健康有益、 何者有害的認知

　　了解身體的運作方式後，便能夠懂得判斷哪些行為有助於維持健康生活，哪些行為則是有害健康的。

　　生理學的應用範圍包括了醫療、照護、健康、運動等五花八門的領域，除了各個領域的專業人士外，生理學也關係到我們每一個人。

　　例如，相信每個人都知道壓力對健康有害。那麼當壓力過大時，身體會用什麼方式反應出來呢？如果不了解人體運作機制的話，便無法回答這個問題。壓力與身體的關係為何？壓力會帶給身體怎樣的影響？當壓力累積時該怎麼做才好？研究人體運作的「生理學」可以為上述疑問提供答案。

　　另外，曬太陽後為何會脫皮、各種不同的營養素對人體有何影響等疑問，都可以透過認識自己的身體獲得解答。如此一來，我們將更加理解該如何維護珍貴的健康。有了更深入的理解後，相信你也會提醒自己養成健康的習慣，在日常生活中做出改變。

揭開人體奇妙現象的神祕面紗

人體有許多令人感到不可思議的奇妙現象。像是明明已經很飽了，卻還有「另一個胃」可以繼續吃東西；或是莫名其妙不停打嗝等，類似的例子多到數不清。

認識人體的運作機制及人體構造，都能幫助我們釐清這些現象背後的真正原因。累積更多與人體相關的知識，相信生活會變得更有樂趣，內心也會輕鬆許多。另外，有時也可以當作聊天的話題，學起來絕不會吃虧。

即使對自己身體一無所知，我們也還是能活下去。不過，身體對我們而言，就像是從出生到死為止，一輩子分不開的夥伴。想和這位夥伴好好相處的話，自然得了解它的構造及運作方式。希望這本書能帶來有樂趣的學習，並加深你對人體的認識。

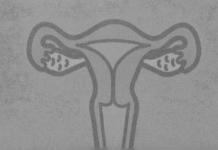

構成身體的十大重要系統

細胞

▶ P14

組成人體各部位的最小構造。

呼吸系統

▶ P34

負責攝取氧氣、排出二氧化碳，是維持生命的關鍵。

運動系統

▶ P18

包括骨骼及肌肉等，負責支撐身體、做出各種動作。

消化系統

▶ P38

分解、吸收食物，提供身體所需的能量。

神經系統

▶ P22

傳遞大腦發出的資訊，連接起身體內部。

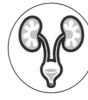

腎、泌尿系統

▶ P42

排出不需要的物質，維持體內潔淨。

感覺系統

▶ P26

主宰視覺、聽覺、嗅覺、觸覺、味覺等感官。

內分泌系統

▶ P46

藉由各式各樣的激素確保身體機能正常。

循環系統

▶ P30

包括心臟及遍及全身的血液等。

生殖器

▶ P50

負責培育新生命的器官。

認 識 不 可 思 議 的 人 體

構成身體的重要基本元素 細胞

全身上下的細胞約有37兆個

「細胞」是構成生物的基本單位，人體則是由約37兆個細胞集合而成的。過去的說法認為人體總共有60兆個細胞，不過2013年時有論文指出數量約為37兆個。一個細胞的平均大小約為10～30 μm（微米，1 μm是1mm的千分之一），非肉眼所能看見。原本僅是單獨一個的受精卵，會不斷進行分裂，發展為具備各種不同功能的細胞，這樣的過程稱為分化。

從受精卵分化而來的細胞，其形狀、大小因功能的不同而有所差異。同一種類的細胞聚集在一起，便會形成肌肉、神經等「組織」。各種組織相互結合，就成為了心臟、胃、皮膚等具備特定機能的「器官」。功能相通的器官集合起來，便是循環系統、消化系統等「器官系統」，打造出我們身體的架構。人類的細胞約有200種，基本構造都一樣，超過三分之二的成分是水，其餘則是蛋白質、脂質等，由細胞膜包覆起來。細胞質填滿了細胞內部，另外還有存放著DNA（去氧核醣核酸）的細胞核及數種功能各異的胞器懸浮在細胞質中。

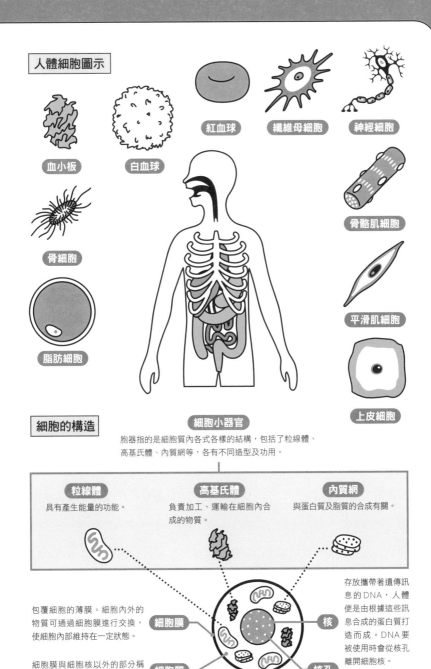

人體細胞圖示

血小板

白血球

紅血球

纖維母細胞

神經細胞

骨細胞

脂肪細胞

骨骼肌細胞

平滑肌細胞

上皮細胞

細胞的構造

細胞小器官

胞器指的是細胞質內各式各樣的結構，包括了粒線體、高基氏體、內質網等，各有不同造型及功用。

粒線體

具有產生能量的功能。

高基氏體

負責加工、運輸在細胞內合成的物質。

內質網

與蛋白質及脂質的合成有關。

包覆細胞的薄膜。細胞內外的物質可通過細胞膜進行交換，使細胞內部維持在一定狀態。

細胞膜與細胞核以外的部分稱為細胞質，會進行物質的代謝。

細胞膜

細胞質

核

核孔

存放攜帶著遺傳訊息的 DNA，人體便是由根據這些訊息合成的蛋白質打造而成。DNA 要被使用時會從核孔離開細胞核。

15

DNA是打造人體的設計圖

DNA為雙股螺旋構造，有如兩條交纏在一起的鏈條，記載著生物的所有訊息，是維持生命的關鍵。兩條鏈條之間有4種鹼基（腺膘呤、胸腺嘧啶、鳥糞膘呤、胞嘧啶），每種鹼基都以特定的意義排列。這些鹼基的排列方式構成了遺傳訊息，製造出我們身體的蛋白質。

染色體是DNA以複雜的方式折疊而成，人類的細胞內共有46條染色體。當細胞因進行細胞分裂變為2個時，會帶著46條染色體一起分裂，這稱為有絲分裂。但只有精子與卵子在分裂時是進行減數分裂，染色體數量會變為原來的一半，也就是23條。各帶有23條染色體的精子與卵子受精後，雙方的染色體加起來剛好就是46條。子女便是這樣分別從父母接收到各一半的遺傳訊息。

細胞的分裂次數與壽命限制

人體內的細胞只能分裂一定次數。決定細胞分裂的關鍵，是位於染色體末端「端粒」部分的DNA。端粒在嬰兒時期最長，每分裂一次就會變短。端粒短到一定長度後，便無法再進行分裂，迎來壽命的盡頭。細胞的壽命依種類不同而有相當大的差異，小腸的吸收上皮細胞為24小時，紅血球則約120天。壽命告終的細胞會萎縮、分解，由負責去除體內異物的巨噬細胞吞噬、消化。

透過細胞分裂與細胞的死亡，衰老的細胞會不斷新陳代謝為新的細胞，細胞的新生讓人類得以成長並維持生命。

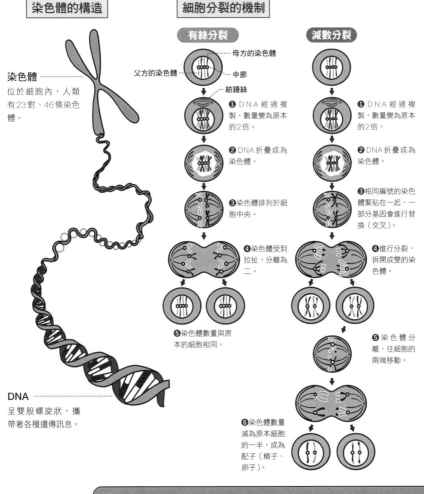

染色體的構造

染色體
位於細胞內，人類有 23 對、46 條染色體。

DNA
呈雙股螺旋狀，攜帶著各種遺傳訊息。

細胞分裂的機制

有絲分裂

母方的染色體

父方的染色體

中節

紡錘絲

❶ DNA 經過複製，數量變為原本的 2 倍。

❷ DNA 折疊成為染色體。

❸ 染色體排列於細胞中央。

❹ 染色體受到拉扯，分離為二。

❺ 染色體數量與原本的細胞相同。

減數分裂

❶ DNA 經過複製，數量變為原本的 2 倍。

❷ DNA 折疊成為染色體。

❸ 相同編號的染色體緊貼在一起，一部分基因會進行替換（交叉）。

❹ 進行分裂，拆開成雙的染色體。

❺ 染色體分離，往細胞的兩端移動。

❻ 染色體數量減為原本細胞的一半，成為配子（精子、卵子）。

總結

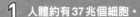

1 人體約有 37 兆個細胞。

2 細胞的外形及大小依功能而有所不同。

3 細胞每天不斷重生，讓生命得以維持。

認 識 不 可 思 議 的 人 體

一切動作都依賴骨骼、肌肉運動系統

人體是由約206塊骨頭支撐起來的

　　骨骼具有支撐、保護身體的作用。人類全身上下約有206塊骨頭，所有骨頭加起來的重量大約是體重的五分之一。人體最大的骨頭是大腿的股骨，長度約為身高的四分之一。至於最小的骨骼，則是位在耳朵裡的鐙骨，僅約3mm大。大小、形狀各異的骨頭組合起來，形成了身體的骨架，保護我們的腦及內臟。

　　為了支撐、保護身體，骨骼雖輕，卻相當堅固。骨骼的外側是堅硬的緻密質，內側則是由如同海綿般有孔隙的海綿質構成。骨骼內還分布著血管，負責將營養送往骨骼。骨骼的中央（骨髓腔）為中空狀，被柔軟的骨髓組織所填滿。

　　骨骼主要有以下三項功能：

1 組成骨架支撐、保護身體。

2 由骨髓製造血液。

3 儲存、調節體內的鈣質。

　　骨骼與人體的細胞一樣，一直在進行新陳代謝。破骨細胞溶解老舊的骨頭（骨吸收）後，成骨細胞會貼附在該部位，製造出新的骨骼（骨形成）。骨骼隨著成長而長大，或是斷掉的骨頭能夠接起來，靠的就是這種機制。

　　骨吸收與骨形成失去平衡，骨骼逐漸變脆弱的狀態便是骨質疏鬆症，常見於高齡女性。攝取鈣質及維生素 D、運動等皆有助於預防骨質疏鬆症。

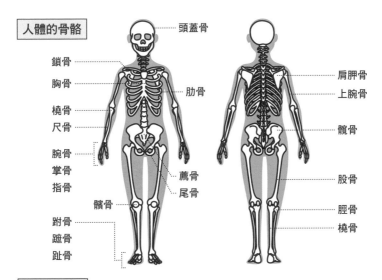

人體的骨骼

頭蓋骨

鎖骨
胸骨
橈骨
尺骨
腕骨
掌骨
指骨
髕骨
跗骨
蹠骨
趾骨

肋骨
薦骨
尾骨

肩胛骨
上腕骨
髖骨
股骨
脛骨
橈骨

骨骼的功能

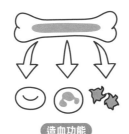

支撐身體

組成骨架，支撐、保護頭部及內臟。

造血功能

由骨髓製造出形成紅血球、白血球、血小板的細胞。

儲存鈣質

調整、儲存人體內的鈣質。

關節負責連接骨骼做出動作

關節是將骨骼與骨骼連接起來的部位，藉由關節的活動，我們可以做出移動手、走路等各式各樣的動作。關節分為頻繁活動的可動關節與幾乎不會動的不動關節，一般所說的「關節」是指位於手腕、肩膀等處的可動關節。全身上下的關節基本上構造都一樣，由關節囊、關節腔、關節軟骨等部位構成。關節的另一項重要功用，是當作緩衝吸收衝擊，防止關節所連接的骨頭互相碰撞。韌帶同樣負責連接骨骼，是纖維狀的組織，具有補強的作用，避免關節晃動、不穩。腳踝扭傷便是韌帶及關節損傷的狀態。

肌肉有是否能自由控制之分

肌肉是由一種叫做肌纖維的細胞所構成，可大致分為三類，分別是與骨骼連接，讓身體做出動作的骨骼肌；負責胃、腸、血管等器官運作的平滑肌；以及負責心臟運作的心肌。

骨骼肌呈橫紋狀，是能夠憑藉自身意志控制的肌肉（隨意肌）。骨骼肌接收到大腦發出的指令進行收縮，身體便能夠活動。重訓可以將身體練壯，就是因為骨骼肌變粗的關係。

心肌和骨骼肌一樣是橫紋狀，但屬於不隨意肌，無法憑藉自身意志控制。而且心肌就算一直持續工作也不會疲勞，讓心臟能夠一天24小時規律運作。

平滑肌同樣無法藉由意志控制（不隨意肌），而是受自律神經及激素的影響做出動作。平滑肌沒有橫紋，負責維持內臟及血管的運作。

我們每天之所以能夠自由自在地活動身體，全都仰賴骨骼、關節、肌肉彼此之間完美的分工合作。

關節示意圖

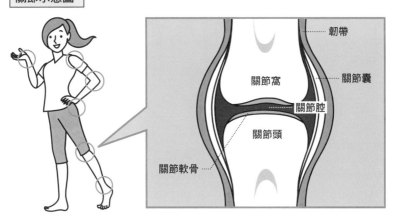

3種肌肉

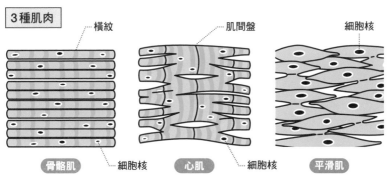

總結

1. 人體是由約206塊骨頭所支撐。

2. 肌肉可分為骨骼肌、心肌、平滑肌。

3. 身體的動作是由骨骼肌收縮而來。

認識不可思議的人體

串聯全身的關鍵角色
神經系統

我們的身體及思想都是由腦所控制

　　腦不僅主宰了我們的思考、感知等內心的活動，調節內臟運作及運動等身體的活動也都是由腦部控制。腦是維持生命的重要所在，因此由頭蓋骨及腦膜包覆加以保護。人腦的重量約1200～1500克，有無數的神經細胞聚集，可分為大腦、間腦、小腦、腦幹四個部分。

　　大腦位於接近腦部外側的位置，佔了整個腦部約80％的重量。分布在大腦表面的部分名為大腦皮質，有神經細胞聚集在此，是與理性、情緒等高等智慧活動相關的部位。大腦中央有一條縱向的深溝，將大腦分為左右大腦半球。大腦表面有明顯的皺褶，其中特別深的，將大腦區分成了四個部分。

　　間腦位於腦部深處，主要分為視丘與下視丘。間腦除了轉接視覺、聽覺等感官資訊，也負責控制體溫及體內的水分、食慾等。讓我們以約24小時為單位過著規律生活的生理時鐘也與間腦有關。

　　小腦位於頭部後側下緣，特徵是形狀類似花椰菜。小腦負責的工作與運

動有關，像是維持身體平衡、與大腦合作讓身體做出順暢的動作等。

　　腦幹（中腦、橋腦、延腦）長約10公分，有如支撐住大腦的樹幹，與心臟、呼吸、體溫的調節等基本生命活動有關。即使大腦受損失去了機能，只要腦幹仍在運作，生命活動還是可以在沒有意識的情況下維持。但如果腦幹停止運作，無法自行呼吸的話，人就無法活下去。若包括腦幹在內的腦部所有功能停止運作，這種狀態就稱為腦死。

　　腦部是由具有各種不同機能的部位所構成，主宰了整個人體。

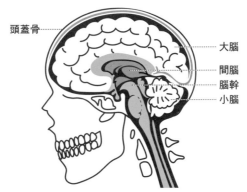

腦的斷面

頭蓋骨

大腦
間腦
腦幹
小腦

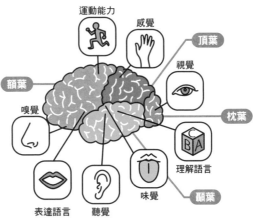

大腦各部位機能

大腦各部位分別有各自負責
掌管的機能。

運動能力
感覺
頂葉
視覺
額葉
枕葉
嗅覺
理解語言
顳葉
味覺
表達語言
聽覺

中樞神經與末梢神經負責傳遞全身的訊息

腦部接收資訊，或是向身體下達指令時，中樞神經與末梢神經系統會進行運作。中樞神經系統是由腦與位在脊椎內的脊髓構成，可說是人體的指揮中心。由中樞神經系統分支出去，遍及全身各個角落的神經則是末梢神經系統。

若以負責的工作來分類，末梢神經系統可分為控制看、聽等感官及運動的「軀體神經系統」，以及與循環、呼吸等相關的「自律神經系統」兩類。兩者皆會一面與中樞神經系統進行訊息傳遞，一面調節全身的機能。

軀體神經系統可進一步分為將感官的資訊傳達給中樞神經系統的感覺神經，以及將大腦發出的指令傳達至必要部位的運動神經。來自外界的刺激會透過感覺神經傳至大腦，大腦則向運動神經發出必要的指令，並傳達至全身的肌肉，讓身體做出動作。不過，當碰觸到熱的物品，或是不小心絆倒等必須瞬間保護自己的緊急時刻，來不及將訊息傳達到大腦，此時脊髓會代替大腦發出指令，這種情況稱作脊髓反射。

活動與休息間的平衡由自律神經系統拿捏

內臟、血管及激素的分泌等都是由自律神經系統控制。自律神經系統會配合生活環境運作，在我們睡眠時也依然調節呼吸、心跳、體溫等，不受意志左右。使身體處在亢奮狀態的交感神經，以及讓身體放鬆的副交感神經彼此發揮的作用正好相反。當壓力或生活不規律造成自律神經系統失衡時，身體便會出現各種症狀，這稱為自律神經失調症，可以透過控制壓力

及改善生活習慣加以預防。

　神經系統是連接腦部與身體，維持人體機能穩定的重要機制，在肉眼看不到的地方，扮演了守護我們的角色。

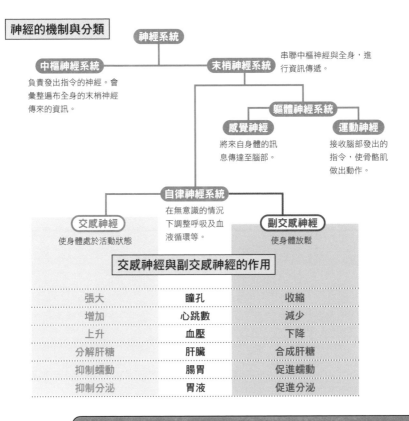

神經的機制與分類

神經系統

中樞神經系統
負責發出指令的神經。會彙整遍布全身的末梢神經傳來的資訊。

末梢神經系統
串聯中樞神經與全身，進行資訊傳遞。

軀體神經系統

感覺神經
將來自身體的訊息傳達至腦部。

運動神經
接收腦部發出的指令，使骨骼肌做出動作。

自律神經系統
在無意識的情況下調整呼吸及血液循環等。

交感神經
使身體處於活動狀態

副交感神經
使體放鬆

交感神經與副交感神經的作用

交感神經		副交感神經
張大	瞳孔	收縮
增加	心跳數	減少
上升	血壓	下降
分解肝糖	肝臟	合成肝糖
抑制蠕動	腸胃	促進蠕動
抑制分泌	胃液	促進分泌

總結

1 腦與脊髓構成的中樞神經系統是身體的指揮中心。

2 中樞神經系統與末稍神經系統控制了全身。

3 自律神經系統會自動調節身體機能。

認 識 不 可 思 議 的 人 體

帶來視覺、聽覺、嗅覺的感覺系統

「看」與「聽」是與外界互動的主要途徑

人體時時刻刻都曝露在光線、聲音、氣味、溫度等各式各樣的刺激之下，感覺系統的工作正是捕捉這些外界刺激，傳達至中樞神經。感覺系統會將接收到的刺激轉為電子訊號傳遞給中樞神經。人類感官之中的視覺、聽覺、嗅覺、味覺、觸覺被稱為「五感」，這些感官各由不同器官負責。

眼睛是視覺的感覺器官，可以辨識物體的形狀及顏色。眼睛由角膜、水晶體、睫狀體、瞳孔、視網膜、視神經等部位構成，構造類似相機。從水晶體進入的光線會在眼部深處的網膜成像，網膜得到的影像則會透過視神經傳至腦部。

眼睛隨時都會分泌少許淚水，具有防止乾燥、提供氧氣及營養給角膜、沖去異物、殺菌維持清潔等作用，藉此保護雙眼。

耳朵是負責聽覺的器官，會捕捉空氣的振動轉為聲音。空氣的振動經外耳→中耳→內耳的途徑傳遞，以電子訊號的形式抵達腦部。耳朵也與身體的平衡感有關，位於內耳的三半規管會感知身體的旋轉及傾斜，維持全身

平衡。

　　搭乘飛機或高速電梯時，耳朵可能會感覺到刺痛，這是氣壓的變化所導致。隔絕耳朵內部與外界的鼓膜，會調整來自內側與外側的氣壓。當氣壓急遽變化時，調整不及的鼓膜會往氣壓較低的一側膨脹，造成耳朵塞住、聽不清楚、感到疼痛等現象。

視神經的機制

如同相機般，透過水晶體
（鏡頭）在網膜上成像。

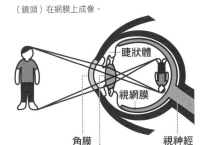

睫狀體
視網膜
角膜
視神經
水晶體

眼淚與鼻水

從淚腺流出的眼淚會通過
鼻淚管變成鼻水。

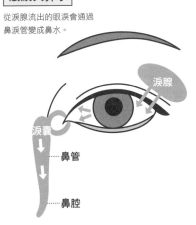

淚腺
淚囊
鼻管
鼻腔

聽覺的機制

鼓膜以振動的形式接收到聲
音後，由聽小骨（錘骨、砧
骨、鐙骨）放大振動。耳蝸
會感知聲音，透過耳蝸神經
傳至大腦的聽覺皮層。

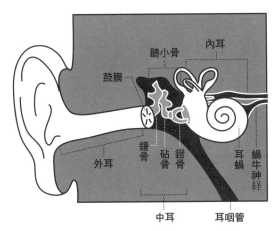

聽小骨
內耳
鼓膜
錘骨
砧骨
鐙骨
耳蝸
蝸牛神経
外耳
中耳
耳咽管

不是只有舌頭與味覺相關

鼻子是能夠感受氣味，與嗅覺相關的器官。氣味的來源，是飄浮在空氣中極小的分子。聞取氣味時，空氣會從鼻子的入口，也就是外鼻孔流進鼻腔，鼻腔頂端有名為嗅上皮的組織捕捉氣味分子。嗅上皮捕捉到的氣味會通過腦部的嗅球傳至大腦，做出對氣味的認知。

你是否有聞到某種氣味時，過去的記憶瞬間甦醒，想起「我以前聞過這個味道！」的經驗呢？一般認為，這是感受氣味的大腦邊緣系統與記憶的形成有關的緣故。

與味覺相關的器官是舌頭，主要由肌肉構成。舌頭表面有無數個細小的突起，名為舌乳頭。一部分的舌乳頭為感受味道的味蕾，整根舌頭上約有五千至一萬個，另外也存在於口中及喉嚨的黏膜。味蕾內的味覺細胞能夠區分鹹、甜、酸、苦、鮮等五種味道，透過味覺神經將味道的資訊傳至大腦。除了味道以外，我們的腦部也會綜合口感及氣味、溫度等因素來感受「滋味」。

皮膚可感知五種感覺

除了保護身體、調節體溫，皮膚還具有辨別感覺的功能。皮膚是由表皮、真皮、皮下組織等三層構成，據說成人全身的皮膚面積，相當於一張榻榻米那麼大。位於皮膚內部的感覺接收器會感知觸壓覺、痛覺、熱覺、冷覺等四種感覺。觸壓覺指的是「被碰觸到」、「搔癢」之類的感覺。無論哪種刺激，一旦太強的話，就會讓人感覺疼痛。痛覺能夠保護我們遠離危

險,扮演了重要的角色。

感覺系統所接收的,不只是單純的感覺,同時也是與我們的情緒相關的重要資訊。除了身體,連情緒也會因感覺系統的各種機制而受到影響。

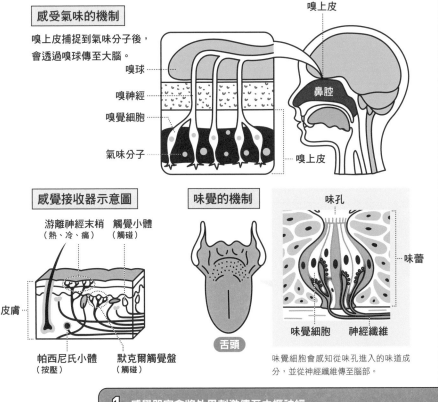

感受氣味的機制

嗅上皮捕捉到氣味分子後,
會透過嗅球傳至大腦。

嗅球
嗅神經
嗅覺細胞
氣味分子

嗅上皮
鼻腔
嗅上皮

感覺接收器示意圖

游離神經末梢 觸覺小體
(熱、冷、痛) (觸碰)

皮膚

帕西尼氏小體 默克爾觸覺盤
(按壓) (觸碰)

味覺的機制

舌頭

味孔

味蕾

味覺細胞 神經纖維

味覺細胞會感知從味孔進入的味道成分,並從神經纖維傳至腦部。

總 結

1 感覺器官會將外界刺激傳至中樞神經。

2 五感是由眼睛、耳朵、鼻子、舌頭、皮膚感知。

3 感覺系統傳達的資訊也會影響到情緒。

認識不可思議的人體

工作範圍遍及全身
循環系統

血液會流到全身每一個角落

　　循環系統的工作是讓血液與淋巴液循環全身，由心臟、血管、淋巴系統構成，負責運送氧氣及營養、回收老廢物質。

　　心臟藉由持續收縮與舒張的搏動，如同幫浦般將血液送往全身。成人平靜時每分鐘的心搏約為60～80次，可送出約5公升的血液。心臟的肌肉外壁名為心肌，是無法憑藉自身意志控制的不隨意肌。心肌細胞會自行收縮，一天24小時不眠不休持續工作。

　　心臟分為四個空間，彼此由粗血管連接起來。透過心臟收縮送出的血液會經血管流遍全身，最後再回到心臟（體循環）。回到心臟的血液則會被送往肺部，在肺部進行氣體交換以排出二氧化碳、獲取氧氣（肺循環）。血液會不斷交互進行體循環與肺循環。

　　全身的血液量約為成人體重的8％，體重60公斤的人約有4～5公升的血液。血液的成分可分為具有形狀的血球，以及液體狀的血漿。血球又可分為紅血球、白血球、血小板，血漿則大部分是水，另外還含有蛋白質、

葡萄糖等。下方圖示整理出了血液的主要功用。

血液的功用

運送物質
將氧氣、營養素、
激素、老廢物質等
運往該去的地方。

免疫
排除入侵體內的細
菌及病毒等。

止血
堵住損傷的血管、
凝固血液以止血。

調節體內環境
血液會搬運及排出
熱，調整體溫。血
液的成分及濃度也
能使體內的水分維
持適當均衡。

血液循環的機制

送往身體的動脈血氧氣較
多，靜脈血氧氣較少。體循
環會向身體供應氧氣，肺循
環則是獲得氧氣。

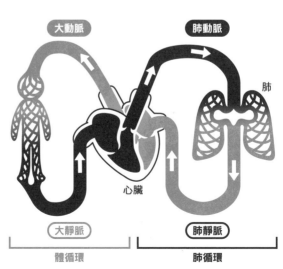

大動脈　　　肺動脈　　　肺

心臟

大靜脈　　　肺靜脈

體循環　　　肺循環

血管是讓血液循環全身的通道

血管可分為動脈、靜脈、微血管三種。動脈負責運輸從心臟送出的動脈血。由於來自心臟的血液壓力高,因此動脈管壁較厚、具彈性,以承受壓力。愈接近人體臟器及末端組織,動脈愈細,最後與網狀的微血管相連。微血管與細胞及組織進行物質交換後會連接至靜脈,讓血液流回心臟。

血液基本上是在血管內流動,但液體成分會滲至微血管外,填滿組織的間隙(組織液)。靜脈會回收大部分的組織液,與血液一同流回心臟,一部分則是由分布全身的淋巴管回收,在淋巴管內的組織液便是淋巴液。淋巴管遍及全身上下,並在許多地方有淋巴結。淋巴結會處理異物及細菌等,作用如同濾網,與免疫相關。淋巴管最終與靜脈匯集,淋巴液會再度與血液一同回到心臟。

血壓就是血管壁所承受的壓力

心臟打出的血液會在血管壁的內側形成壓力,這稱為血壓。血壓一般指的是動脈所承受的壓力。心臟收縮時帶來的力道會使血液對血管壁施加較大的壓力,此時的血壓為收縮壓(最高血壓)。心臟放鬆舒張時,血液的流勢較弱,此時的血壓稱作舒張壓(最低血壓)。日本高血壓學會有訂出血壓的基準值,用於診斷高血壓。許多疾病的發生都與高血壓有關,因此必須用心預防。

循環系統使得血液得以流遍全身,關係到所有細胞及組織,是人體不可或缺的存在。

循環系統示意圖

營養素

透過心臟的幫浦作用，從動脈將富含氧氣及營養素的血液送往全身。

動脈

靜脈
老廢物質
CO_2
免疫細胞
淋巴結
淋巴管

組織液會被淋巴管吸收，變為淋巴液。免疫細胞會在淋巴結清除異物。

微血管
O_2
CO_2
老廢物質

氧氣及營養會透過微血管供應給全身。回收了二氧化碳及老廢物質的血液則經由靜脈回到心臟。

血壓的原理

收縮時的血壓（最高血壓）
心臟收縮，推擠血管壁的壓力較強的狀態。

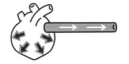

舒張時的血壓（最低血壓）
心臟舒張，推擠血管壁的壓力較弱的狀態。

總結

1 血液循環會將各種物質送往必要的部位。

2 血液循環分為體循環與肺循環。

3 血液與淋巴液會在全身流動。

認識不可思議的人體

生命活動的關鍵
呼吸系統

肺部無法自行運作

人體必須透過呼吸以氧氣製造出維持生命所必須的能量。呼吸的作用是獲取空氣中的氧氣，並將不需要的二氧化碳排出體外，這個過程叫作氣體交換。

氣體交換分為兩種，分別是在肺部進行的外呼吸，以及在細胞與血管間進行的內呼吸。一般所說的「呼吸」指的是外呼吸。

人體參與外呼吸的部位包括了鼻、咽、喉、氣管、支氣管、肺，呼吸系統是這些部位的總稱。呼吸系統之中，從鼻子到支氣管的空氣通道稱為呼吸道。呼吸道的作用不只是供空氣通過，鼻毛及黏膜等也會加濕空氣，以防止灰塵及病原體入侵。

空氣通過呼吸道後，會抵達與支氣管末端連接的肺泡。肺泡呈袋狀，直徑僅約0.1mm，周圍有微血管纏繞。進入肺泡的空氣會在微血管間進行氧氣與二氧化碳的交換，血液將二氧化碳留在肺泡內，帶走氧氣運送至全身。人體便是透過這種機制獲得氧氣，排出不需要的二氧化碳。

　　不過，由於肺沒有肌肉，因此無法自行吸入空氣。當肺所在的胸腔擴大，肺會跟著一起膨脹，從外界吸入空氣。此時主要在運作的，是名為肋間外肌與橫膈膜的肌肉。肋間外肌位在肋骨與肋骨之間，橫膈膜則位在胸腔底部，形狀接近半球形。肋間外肌及橫膈膜等與呼吸相關的肌肉合稱為呼吸肌。呼吸肌的連動會使胸腔擴大、縮小，藉此讓空氣進出肺部。

呼吸的機制

外呼吸發生在肺泡，內呼吸則是在細胞與血管之間，進行二氧化碳與氧氣的交換。

O₂

CO₂

肺泡

CO₂　　　　　　**外呼吸**　　　　　　**O₂**

細胞　　　**內呼吸**

胸式呼吸與腹式呼吸

胸式呼吸

藉由肋間外肌的動作吸入空氣。

腹式呼吸

藉由胸腔底部的橫膈膜的動作吸入空氣。

肺泡的構造

肺泡像是一個直徑約0.1mm的小袋子，有微血管圍繞在四周。

肺靜脈　肺動脈

支氣管

肺泡壁

肺泡

為何人在睡覺時仍會持續呼吸？

呼吸的深淺及次數，是可以透過自身意志調整的。牽手、行走等出於自身意志做出來的動作稱為隨意運動，呼吸也是隨意運動的一種。不過，雖說呼吸可以憑藉自身的意志加以控制，但人即使在睡覺時，呼吸也不會停下來。這是因為此時的呼吸是由與自身意志無關的不隨意運動而來，其實隨意運動與不隨意運動兩者都會控制呼吸的動作。

調節呼吸的中樞位於延腦（腦幹的一部分），會根據身體狀態對呼吸肌下達指令。位於人體內的數個受器讓呼吸中樞能隨時捕捉到與呼吸相關的資訊。受器會感知血液中的氧氣濃度下降、二氧化碳濃度上升、肺部的膨脹等呼吸的資訊，傳達給延腦。延腦則會彙整這些資訊，發出刺激呼吸肌的指令。正因為有這樣的機制，所以我們的呼吸不會在睡覺時停下來。

人的聲音其實是聲帶製造出的空氣振動

人發出的聲音其實是喉嚨內的聲帶所製造出的空氣振動。聲帶有左右兩片褶皺，正中央供空氣通過的空隙叫作聲門。呼吸時聲門會打開，讓空氣自由流動；而在發出聲音時，會因為肌肉的動作使得聲門的空隙變小。空氣在此狀態下通過，聲帶便會振動發出聲音。我們之所以能控制聲音的高低，是透過了聲門的開啟方式改變聲帶的振動次數。聲帶振動所發出的聲音藉著喉嚨、嘴巴內、鼻子內的共鳴及舌頭、嘴唇的動作等，便成了我們口中說出的語言。改變舌頭與嘴巴的形狀，可以發出「啊」、「咿」等音；用嘴唇改變空氣的流動，則能變化出「p」、「b」之類的音。

調節呼吸的機制

- 位在肺部內的牽張受器會將肺部的膨脹狀況傳至延腦的呼吸中樞。

- 位於大動脈及延腦的化學受器會將血液中的氧氣、二氧化碳濃度及 pH 等資訊傳至呼吸中樞。

- 延腦的呼吸中樞接收到各種資訊後，會向橫膈膜及呼吸肌發出指令控制呼吸。

- 除了上述因素，情緒、疼痛、血壓等也會影響呼吸。

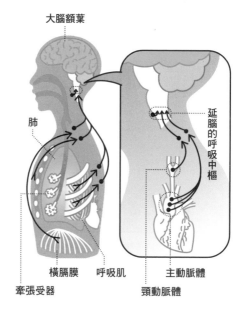

大腦額葉

肺

延腦的呼吸中樞

橫膈膜　呼吸肌　主動脈體

牽張受器　　　頸動脈體

聲門的運作

發聲時

聲帶收窄，振動聲帶發出聲音。

呼吸時

聲門打開，讓空氣通過。

聲帶

總結

1 呼吸的目的是氧氣與二氧化碳的氣體交換。

2 呼吸會根據身體的狀態在無意識之中做出調整。

3 人發出的聲音是因聲門的空隙變窄而來。

認識不可思議的人體

將食物化為養分
消化系統

消化對食物而言就像漫長的旅行

　　人類會透過攝取食物以獲得營養，做為身體所需之材料及能量的來源。要吸收營養，則必須分解、消化食物，負責這項工作的就是消化系統。消化系統從嘴巴到肛門為止，就像一條長長的管子，又被稱為消化道。食物會依序通過消化道的食道→胃→小腸→大腸，並同時進行消化、吸收，歷經超過20小時的漫長旅程，最終成為糞便排至體外。

　　食物進到口中後，首先由牙齒進行咀嚼，將食物咬碎。變碎的食物與唾液混合變軟後，便會開始吞嚥。吞嚥是口部與咽的連續動作，目的是將食物送往食道。

　　食道是從咽連接至胃的細管，成人的食道長度約為25公分。食物並不是因重力掉落至胃部，而是透過食道肌肉的收縮與舒張慢慢往下推擠的。這種機制叫作蠕動，即使在倒立的狀態下，食物還是會被送至胃部。

　　胃部為袋狀，會暫時性存放食物。胃的收縮與胃液會像果汁機般翻攪抵達胃部的食物，使食物最終成為黏稠的粥狀。胃部分泌的胃液含有消化酵

素與鹽酸，在分解食物的同時進行殺菌。

　食物接下來會被送往連接胃與大腸的小腸。小腸約有6～7公尺長，分為十二指腸、空腸、迴腸三個部分。小腸的起點為十二指腸，肝臟製造的膽汁與胰臟製造的胰液會流入十二指腸消化食物。小腸內側滿是名為絨毛的細小突起，並會從其表面的微絨毛吸收養分。

消化的流程

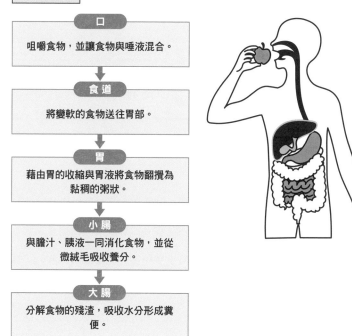

口
咀嚼食物，並讓食物與唾液混合。

食道
將變軟的食物送往胃部。

胃
藉由胃的收縮與胃液將食物翻攪為黏稠的粥狀。

小腸
與膽汁、胰液一同消化食物，並從微絨毛吸收養分。

大腸
分解食物的殘渣，吸收水分形成糞便。

食物最終會變為糞便結束旅程

　　小腸吸收了營養後，食物會透過蠕動被送至大腸。大腸由盲腸、結腸、直腸構成，是消化系統的最後一站。大腸內有約1000種、100兆個腸道菌，協助分解、消化食物的殘渣。成群的腸道菌看起來有如花叢（flora）般，因此被稱為腸道菌叢。食物在大腸內被吸收了水分的同時，會緩慢地形成糞便。糞便累積在直腸後，該刺激會傳至腦部讓人感覺到便意，然後糞便會從直腸的出口，也就是肛門排出。

各種養分的吸收途徑不盡相同

　　人體會透過消化分解食物的營養，以便吸收。碳水化合物（醣類）、蛋白質、脂質這三大營養素皆由小腸吸收，但進行分解的場所及機制則各不相同。

　　唾液及胰液中的消化酵素會將米、麵包、麵食等食物所含醣類分解為單糖，單糖經吸收後，會供應給全身的細胞，做為腦部及身體的能量來源。

　　胃液、胰液等則會將肉類、魚、大豆等食物所富含的蛋白質分解為胺基酸，提供皮膚、骨骼、進行代謝的酵素等所需的材料。

　　烹調使用的油及乳製品所富含的脂質難溶於水，且消化酵素不易起到作用，因此是藉由膽汁乳化之後，透過胰液加以分解、吸收。脂質被吸收後，具有做為身體的能量來源、製造細胞膜、化作皮下脂肪保護內臟及維持體溫等各種功用。除了三大營養素外，維生素及礦物質同樣是透過消化器官的運作被身體吸收。

大腸的運作

糞便的水分會在大腸內被吸收，同時緩慢向直腸移動，然後由肛門排出。

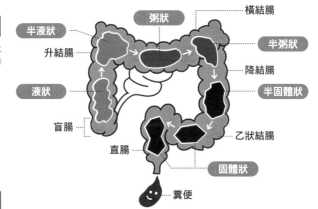

半液狀
升結腸
粥狀
橫結腸
半粥狀
降結腸
液狀
盲腸
半固體狀
乙狀結腸
直腸
固體狀
糞便

消化與吸收

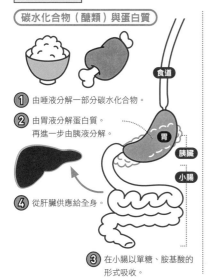

碳水化合物（醣類）與蛋白質

食道

① 由唾液分解一部分碳水化合物。

② 由胃液分解蛋白質。
再進一步由胰液分解。

胃

胰臟

小腸

④ 從肝臟供應給全身。

③ 在小腸以單糖、胺基酸的形式吸收。

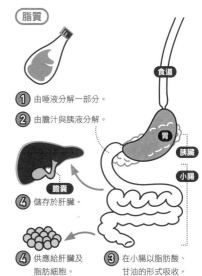

脂質

食道

① 由唾液分解一部分。

② 由膽汁與胰液分解。

胃

胰臟

小腸

膽囊

④ 儲存於肝臟。

④ 供應給肝臟及脂肪細胞。

③ 在小腸以脂肪酸、甘油的形式吸收。

總結

1 食物的營養會透過消化被人體吸收。

2 消化與消化酵素及腸道菌有關。

3 每種養分的分解場所及分解機制各不相同。

認 識 不 可 思 議 的 人 體

將不需要的東西排出體外
腎、泌尿系統

去除血液中老廢物質的把關者

　　流遍全身的血液會將養分帶給身體組織，並回收老廢物質。腎臟、輸尿管、膀胱、尿道構成的泌尿系統所負責的工作，就是去除累積在血液中的老廢物質。

　　身體背面的左右兩側各有一顆腎臟，形狀類似蠶豆。腎臟一分鐘會有多達一公升的大量血液流入，並由這些血液製造出尿。成人一天的尿量約為1000～1500毫升，將老廢物質排乾淨所必須的尿量為一天400～500毫升以上。腎臟內製造出尿液的部位叫作腎元，是由絲球體與鮑氏囊組成的腎小體，以及腎小管構成。血液在腎小體會由纏繞著細小血管的絲球體過濾，然後集中至鮑氏囊。絲球體過濾出的尿液稱為原尿，一天的製造量最多可達150公升。原尿中除了老廢物質外，也含有大量體內所需的水分及電解質等，不能全部丟棄不用。因此，接下來到了腎小管時，必要的物質會再次由血管吸收，並製造出尿液，以排泄身體不需要的物質。

　　腎元製造出來的尿液會通過從腎臟連接出來的輸尿管，送至膀胱。膀胱

是儲存尿液的袋子，會配合尿量的多寡縮脹。膀胱能存放約500毫升的尿液，當累積到約200毫升時，人就會感覺有尿意。

累積在膀胱的尿液會經由尿道排出體外。尿道連接著尿液的出口——尿道外口，女性的尿道長度約為3～4公分，男性則約15～20公分。罹患膀胱炎的女性比男性多，就是因為女性的尿道較短，細菌比較容易侵入膀胱。透過腎臟、輸尿管、膀胱、尿道的運作，血液中的老廢物質最終會變成尿液排出體外。

腎臟的工作

腎臟除了調整體內的pH、水分、礦物質及排泄老廢物質外，還會調節血壓、促進紅血球生成、活化維生素D等。

腎元的運作機制

腎元是由滿布微血管的絲球體與包覆絲球體的鮑氏囊所構成。從絲球體過濾至鮑氏囊的原尿有99％會在腎小管再次被吸收。剩餘的1％老廢物質及水分則會變為尿液。

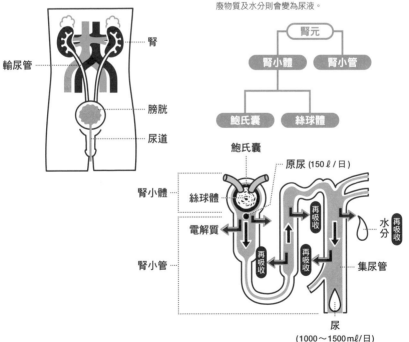

43

腎臟會調整體液的環境及血壓

腎臟的另一項作用是調整體內的水分，也就是體液的環境及血壓。此外也會將不需要的物質排至尿液中，保留需要的物質。

例如，攝取了大量水分時，腎臟會製造出較多尿液；身體水分不足時，則會減少尿液。像這樣調整體內的水分，便是腎臟的作用之一。製造尿液的過程中，腎臟會將必要的礦物質、離子等留下，不需要的則排泄至尿液中。這樣的機制能夠調整體內的電解質平衡，讓血液維持在弱鹼性。

腎臟也與血壓的調整息息相關。若感知到血液量減少或血壓下降等，腎臟會分泌一種名為腎素的激素。腎素會藉由減少尿量、增加身體的水分令血壓上升。

腎臟便是透過上述方式與激素一同調整體液的環境及血壓。

腎臟可幫助製造紅血球、活化維生素D

腎臟還會分泌一種名為紅血球生成素的激素，這種激素與製造紅血球的機制有關。紅血球生成素會作用於骨髓，促進紅血球的製造。因此當腎功能不佳時，紅血球生成素的分泌量會減少，有可能導致貧血。由腎臟的因素引起的貧血稱為腎性貧血。

維生素D與鈣質的吸收有很大的關係，但從食物攝取到的維生素D在體內不容易直接起到作用。腎臟能夠活化維生素D，促進鈣質在腸的吸收，製造出強健的骨骼。若因腎功能惡化導致活化的維生素D不足，會造成鈣質不易被吸收，形成骨質疏鬆症。

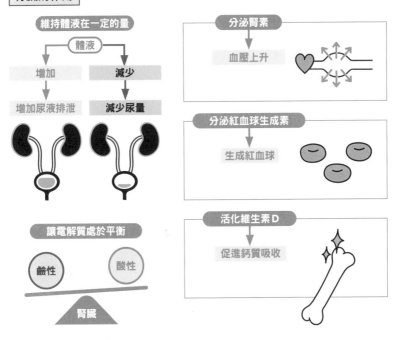

腎臟不僅是泌尿系統的一部分，負責將身體不需要的物質排出，也與調整體液環境及血壓、生成紅血球、活化維生素D相關，從各種層面維持身體機能。

腎臟的作用

維持體液在一定的量

體液

增加	減少
增加尿液排泄	減少尿量

讓電解質處於平衡

鹼性　　　　酸性

腎臟

分泌腎素

血壓上升

分泌紅血球生成素

生成紅血球

活化維生素D

促進鈣質吸收

總結

1 泌尿系統是由腎臟、輸尿管、膀胱、尿道構成。

2 泌尿系統負責去除血液中的老廢物質。

3 腎臟與體液及血壓的調整、紅血球生成有關。

認 識 不 可 思 議 的 人 體

管控人體內的各種激素
內分泌系統

少量的激素便足以調節身體機能

內分泌指的是透過激素的作用，調節身體機能的機制。而激素則是在體內對特定細胞發出指令的化學物質。人體具備維持內部環境平衡的機能，這種機能叫作恆定性（Homeostasis）。內分泌系統會透過激素調節各個器官的機能，並與自律神經系統合作，以維持恆定性。

內分泌、外分泌進行分泌的部位，以及分泌出來的物質皆不相同。

●內分泌：分泌激素至血管。

●外分泌：分泌汗水、唾液、胃液等至身體表面及消化道。

分泌激素的，是四散於體內各處的內分泌器官，包括了腦部的下視丘及腦下垂體、甲狀腺、腎上腺、胰臟、生殖器等，這些器官所分泌的激素也都不一樣。

內分泌器官所分泌的激素會經由血管運送至全身，但並非所有器官及細胞都會對激素起反應。只有一部分擁有受器供特定激素附著的細胞，會受到激素的影響而運作。這種細胞叫作標的細胞，特定的激素會產生作用的

器官則叫作標的器官。

　　激素的分泌量極少，1毫升血液中僅有數毫微克（也稱奈克，十億分之一克）或微微克（也稱皮克，一兆分之一克）。即便只是微量的激素，就會產生強大的作用，因此血液中激素的濃度必須維持在一定範圍。內分泌器官會一面監控體內的環境，一面調整激素的分泌量。

内分泌的機制

維持恆定性

內分泌系統
透過激素
調節

自律神經系
透過神經
調節

激素的分泌

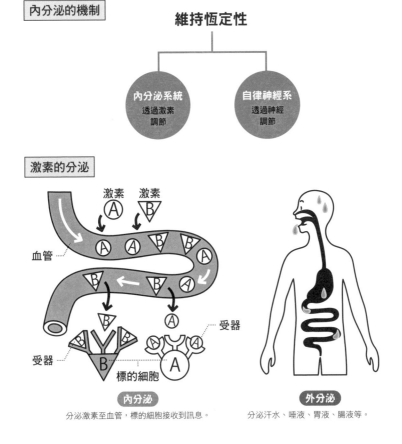

內分泌
分泌激素至血管，標的細胞接收到訊息。

外分泌
分泌汗水、唾液、胃液、腸液等。

內分泌系統的中樞為下視丘與腦下垂體

扮演內分泌系統指揮中心角色的,是位於間腦(大腦深處)的下視丘,以及由下視丘垂下的腦下垂體。這兩處會分泌刺激其他內分泌器官的激素,可說是內分泌系統的中樞。腦下垂體也會分泌直接作用於細胞的激素,與骨骼及肌肉的成長、產生母乳的機制、尿量的調整等有關。

各種分泌激素的器官

甲狀腺位於喉嚨,形狀有如蝴蝶,負責分泌甲狀腺激素與降鈣素。甲狀腺激素會促進全身的代謝,降鈣素則會調節血液中的鈣濃度。鈣濃度也會受到緊貼在甲狀腺後方的副甲狀腺所分泌的副甲狀腺素影響,與骨骼的破壞與再生有關。

位於腎臟上方的腎上腺分為皮質與髓質,各自分泌不同激素。腎上腺皮質會分泌類固醇激素,與醣類的代謝及免疫、體液量的調節等有關,有各式各樣的作用。腎上腺髓質則會分泌兒茶酚胺,其中最具代表性的是腎上腺素與正腎上腺素,作用類似交感神經,會升高血壓及血糖值,令代謝亢進。

胰臟位於胃的後方,呈細長狀,主要分泌調整血糖值的升糖素與胰島素。胰島素不足或功能降低所導致的持續高血糖狀態便是糖尿病。

睪丸分泌的雄激素與性慾及掉髮有關,而卵巢分泌的雌激素則會使女性身體出現變化,為懷孕、生產做準備。

另外,消化道的胃、腸及心臟、血管等臟器、器官也會分泌激素。

各式各樣的激素

內分泌器官	內分泌腺	激素
	下視丘	● 釋放激素：促進腦下垂體前葉激素的分泌 ● 抑制激素：抑制腦下垂體前葉激素的分泌
	腦下垂體前葉	● 生長激素：促進身體成長 ● 催乳素：促進母乳分泌
	腦下垂體後葉	● 催產素：使子宮收縮、釋放出母乳 ● 抗利尿激素：減少尿量
	甲狀腺	● 甲狀腺激素：促進代謝 ● 降鈣素：降低血液中的鈣濃度
	副甲狀腺	● 副甲狀腺素：提升血液中的鈣濃度
	腎上腺皮質	● 礦物皮質素（醛固酮等）：增加體液量、升高血壓 ● 糖皮質素（皮質醇等）：提升血糖值、抗發炎作用、免疫抑制作用
	腎上腺髓質	● 腎上腺素、正腎上腺素：升高血壓、血管收縮、升高血糖值等
	胰臟	● 升糖素：提升血糖值 ● 胰島素：降低血糖值
	卵巢	● 雌激素：使卵巢內的卵子成熟、塑造女性化的身體曲線 ● 孕酮：將卵子從卵巢排出，使女性受孕、維持懷孕狀態穩定
	精巢	● 睪酮：促進男性性器發育、塑造男性化的身體曲線

總結

1 內分泌是藉由激素的作用調節身體的一種機制。

2 激素會經由血管送往全身。

3 激素只會對擁有受器的標的細胞起作用。

認識不可思議的人體

孕育生命的所在
生殖器

精子與卵子是由生殖器負責製造

生殖器負責的工作是讓生物持續繁衍，孕育出下一代。生殖器和其他器官不同，男性與女性的生殖器構造有很大的差異。

男性生殖器包括了露出體外的陰莖與陰囊，位在體內的睪丸、附睪、輸精管、射精管、攝護腺等。男性生殖器的作用為製造出精子，並送往女性生殖器。

精子是由位在陰囊內的睪丸製造，然後送往附睪，暫時儲存於此。精子從附睪通過輸精管的途中，會與精囊及攝護腺、尿道球腺等的分泌液混合成精液。當性興奮到達高點的同時，精液會從陰莖的尿道口射出（射精），一次射出的精子數量為1～4億個，可存活約2～3日。為將精子送入女性生殖器內，陰莖內部的海綿體會充血，使陰莖在射精時變硬勃起。

尿液與精液的出口同為尿道口，這是因為精子所通過的輸精管與尿道匯合的關係。

　　女性生殖器包括位在體內的卵巢、輸卵管、子宮、陰道，以及位在體外的陰阜、大陰唇、小陰唇、陰道前庭、陰蒂等。女性生殖器的作用為製造卵子並與精子受精，孕育、生產胎兒。卵巢是生殖的核心，會製造卵子並分泌雌激素。卵巢製造出的濾泡需要約14天成熟，成熟後會從中釋放出卵子。排卵所排出的卵子隨時都能受精，會往輸卵管另一頭的子宮移動。與子宮連接的陰道是供陰莖進入的器官，也是生產時嬰兒通過的產道。

　　男性生殖器與女性生殖器會為繁衍後代這共通目的做好受精的準備。

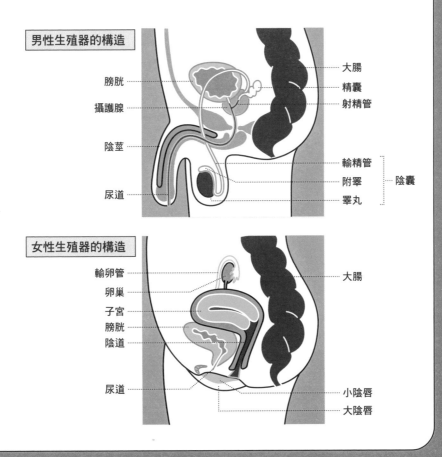

男性生殖器的構造

膀胱
攝護腺
陰莖
尿道

大腸
精囊
射精管
輸精管 ⎫
附睪 ⎬ 陰囊
睪丸 ⎭

女性生殖器的構造

輸卵管
卵巢
子宮
膀胱
陰道
尿道

大腸
小陰唇
大陰唇

月經是為了懷孕所做的準備

卵巢與子宮的運作會重複地讓女性的身體做好懷孕的準備。排卵所排出的卵子壽命約為12～24小時，若沒有受精，便無法繼續存活。卵子壽命告終後，會被排泄掉，卵巢與子宮則再度開始進行懷孕的準備。這便是約每個月重複一次的月經週期。正確來説，是從月經的第一天開始，到下一次月經開始的前一天為止的期間。這段期間以排卵為交界，可分為前半段的濾泡期及後半段的黃體期。

月經週期會有這樣的變化，是雌激素（濾泡激素）與孕酮（黃體激素）這兩種卵巢分泌的女性荷爾蒙運作的結果。雌激素會讓身體做好懷孕的準備，孕酮則是使懷孕的狀態得以穩定維持。

排卵以前的濾泡期會分泌較多雌激素，增厚子宮內膜供受精卵著床。孕酮則會在排卵後的黃體期產生作用，使子宮內膜更厚而柔軟。子宮內膜便是透過這樣的機制，做好承接受精卵的準備。如果沒有順利懷孕，雌激素與孕酮的分泌會急遽下降，子宮內膜也隨之剝落。剝落下來的子宮內膜會被排出體外，這便是月經。

受精與懷孕

在性行為中射精至陰道的精子通過子宮與輸卵管抵達卵子，便形成了受精卵。受精卵會一面進行細胞分裂，一面往輸卵管內移動。通過了輸卵管的受精卵最終的目的地，是子宮內的子宮內膜。受精卵會鑽入柔軟的子宮內膜（著床），透過著床成功受孕後，受精卵會在子宮內膜一步步發育。

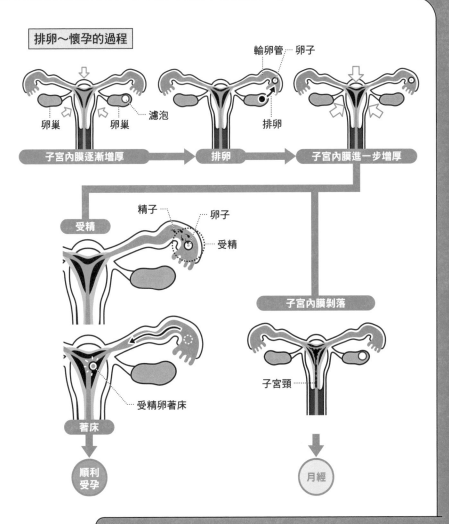

排卵～懷孕的過程

卵巢　卵巢　濾泡

子宮內膜逐漸增厚 → 排卵 → 子宮內膜進一步增厚

輸卵管　卵子

排卵

受精

精子　卵子

受精

子宮內膜剝落

受精卵著床

子宮頸

著床

順利受孕

月經

總結

1　男女雙方的生殖器都會為繁衍後代做準備。

2　月經與雌激素、孕酮這兩種激素有關。

3　受精卵於子宮內膜著床便代表順利受孕。

接種疫苗會帶給身體什麼樣的影響？

　　我們的身邊存在許多細菌、病毒等病原體，會引發各種傳染病。為了避免感染，體內的免疫系統會進行運作，防止病原體入侵或繁殖。

　　免疫系統能夠記憶曾經進入過身體的病原體，當相同的病原體再次入侵時，便會根據記憶起來的情報迅速做出反應，排除病原體。

　　疫苗的原理便是利用了免疫系統的這項特性。疫苗的原料是減弱或消除了傳染力的病原體，或是從病原體取出的一部分，製作成不會讓人發病的疫苗後注射至體內，以人工方式讓接種者獲得因應真正的傳染病侵犯時所需的免疫力。接種疫苗不僅能保護接種者不致罹患重症，也能避免傳染給其他人，造成疫情蔓延。

　　只是在接種疫苗後，有可能會出現發燒或注射部位腫起等，令接種者不適的症狀。疫苗在製造時雖然會避免對人體造成傷害，但實際上並不存在100％安全的疫苗，因此重點在於了解風險後，接種必要的疫苗。

　　民眾間時常流傳與疫苗有關的錯誤訊息，若不加思索便全盤相信其實相當危險。基本上，有眾多專家參與的政府機關或學會等所發出的訊息是可以信任的。為了安心生活，建議大家還是要從適當管道取得正確資訊，安全地接種疫苗。

（第 **2** 部）

破解
人體之謎

日常生活中，你是否曾經對「為何身體會這樣反應？」、「為何身體會出現這樣的狀況？」等問題感到百思不得其解？本章會將這些問題分為「常見的健康迷思」、「認識身體的大小毛病」、「神奇的人體現象」、「破解老化之謎」等四個部分詳細解說。

常見的健康迷思

▶P64
為何皮膚曬傷
會脫皮？

▶P66
各種不同的營養
素對身體有何影
響？

▶P68
聰明的人
腦部皺褶較多？

▶P58
天冷時哪些地方
該加強保暖？

▶P70
人在睡覺時真的
會進行記憶的整
理嗎？

ZZZ...

▶P60
有方法
可以預防視力衰退、
讓眼睛變好嗎？

▶P72
人與人的肢體接觸
是必要的？

▶P62
身體一天究竟需要
多少水分？

▶P74
「血液順暢」
是怎樣的狀態？

天冷時
哪些地方
該加強保暖？

寒冷的天氣不僅讓人感覺全身上下冰冷，還會失去出門的動力。
其實只要做好手腕、腳踝等部位的保暖工作，
就能有效使身體暖起來，但這是為什麼呢？

關鍵在於大條的動脈

　　冬天出門實在是件苦差事，到底有什麼方法可以讓身體暖起來呢？建議你可以先從加強幾個重點部位的保暖做起。「頸部」、「手腕」、「腳踝」靠近皮膚的地方有大條的動脈經過，用手去摸就能感覺到脈搏。動脈的分布遍及全身，但只有極少數幾個地方可以從體外觸摸得到脈搏。

　　血液的作用之一是調節體溫，將體內製造出來的熱運往全身。而上面提到的這幾個部位在靠近身體表面的地方，正好有血液量較多的動脈經過。因此，做好頸部、手腕、腳踝的保暖，能夠加熱流經大條動脈的血液，使溫暖的血液流遍全身，身體便會暖和起來。

經過這三個部位的動脈如下：

● **頸部**：總頸動脈

● **手腕**：橈骨動脈

● **腳踝**：足背動脈、後脛骨動脈

發燒時使用冰袋降溫也是相同的道理，並不是將冰袋放在頭上，而是應該冷卻頸部的血管，藉此降低全身的溫度。

基於人體構造的觀點就可以知道，透過加強頸部、手腕、腳踝的保暖提升體溫其實是很合理的做法。天冷時穿戴圍巾、手套、襪子等，相信能幫助你更有效禦寒。

重點保暖部位

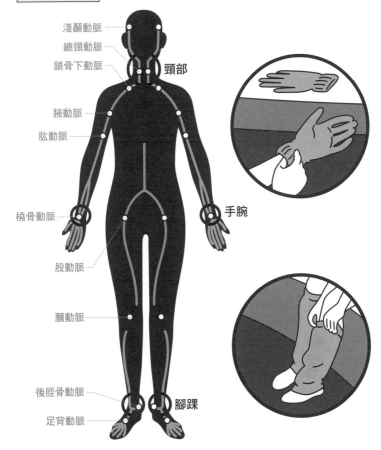

淺顳動脈
總頸動脈
鎖骨下動脈
　　　　　頸部
腋動脈
肱動脈
橈骨動脈
　　　　　手腕
股動脈
膕動脈
後脛骨動脈
　　　　　腳踝
足背動脈

經過皮膚附近的動脈，而且血管較粗的部位是保暖的重點。
手套、小腿套等物品可以幫助維持手腕及腳踝溫暖。

有方法可以預防視力衰退、讓眼睛變好嗎？

最近總覺得遠的東西看不清楚……
每天盯著手機和電腦螢幕，眼睛好累……
究竟有沒有方法可以改善視力？

安全且有效的近視治療方法非常少

我們在看東西時，眼睛會如同相機般運作，將訊息送往腦部。水晶體的角色相當於鏡頭，能改變厚度進行對焦。負責調節水晶體厚度的，是名為睫狀肌的肌肉，以收縮與舒張的方式改變水晶體厚度，藉此對焦。

透過水晶體捕捉到的外界影像會在視網膜上對焦，以供清晰辨識。如果對焦的位置不在視網膜上，物體看起來就會模糊，這便是近視、遠視等眼部折射異常的問題。

● **近視**：看得見近物，看不清楚遠方。

● **遠視**：近或遠的東西都看不清楚。

● **散光**：物品的輪廓模糊不清、看起來變成兩個。

近視人口的增加是全球性的問題，這與遺傳及環境兩項因素有關。像是來自於父母的基因、長時間看近物、戶外活動的減少等。雖然目前仍無法斷定智慧型手機及電腦遊戲、手遊等是否會導致近視，但已知的是，持續

近距離盯著印刷字或螢幕，有加劇近視的風險。

　　一旦變成了近視，便幾乎沒有方法恢復原本的視力，即使接受雷射手術也不容易完全矯正。而且，做了雷射手術後雖然可以不用戴眼鏡或隱形眼鏡，但仍必須持續回診，確認有無視力衰退或併發症。

　　目前市面上有各式各樣改善近視的治療方式或營養補充品等，但有效且安全的卻非常少。有效性及安全性已得到確認的，包括了散瞳劑、角膜塑型片、多焦點鏡片眼鏡等。

常見的健康迷思

認識身體的大小毛病

神奇的人體現象

破解老化之謎

預防視力衰退的方法

遠眺超過1公里外的山或建築物，放鬆睫狀肌。

以熱毛巾改善眼睛四周的血液循環，舒緩緊繃的肌肉（注意溫度不要過高）。

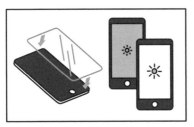

減少手機畫面發出的藍光。可以直接在手機上設定，或貼專用保護貼。

以溫水泡澡，改善肌肉緊繃及全身的血液循環。

身體一天
究竟需要多少水分？

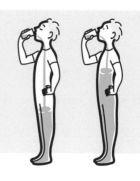

「一天喝水2公升有助美容養顏。」
你是否聽過這樣的說法呢？
而實際上身體到底又需要多少水呢？

一天的飲水建議量為1.2公升

人體內的水分，也就是「體液」，約佔成年男性體重的60％，女性及高齡者體重的50～55％。體液絕大部分是水，除了鈉、鉀等電解質外，還含有蛋白質、葡萄糖等。

體液會化作尿液或糞便排出體外，或是變成吐氣所含的水蒸氣、汗水等，不斷在流失，體重60公斤的人一天流失的量就多達2.5公升。但身體所需要的水會隨性別、年齡、一天的活動量而有所不同，很難正確計算出來。

為了維持身體機能，必須補充水分及電解質，讓體液維持一定範圍內。若因流失體液而脫水，會出現倦怠、口渴、頭暈、噁心想吐等各種症狀。

厚生勞動省建議的水分攝取量為約2.5公升。換算成500毫升的寶特瓶，相當於5瓶的量，不過這個量並不需要完全經由液體攝取。除了可以從食物中攝取水分，體內進行代謝所製造出的代謝水也能提供補充。代謝

水是從養分提取能量時所製造的水，一天的量約為300毫升。若再考量到進食等所提供的補充，一天的建議飲水量約為1.2公升。

　　要一口氣喝下這樣的量是很難的事，固定在早上起床後、三餐飯後、三餐之間、睡前等時間喝水的話，會比較容易在生活中建立喝水的習慣。

　　至於在補充水分的飲料方面，建議選擇能夠補充電解質的口服脫水補充液或運動飲料。不過，運動飲料的糖分較多，因此要多加注意。牛奶、果汁也因為熱量及糖分較高，要避免飲用過多。咖啡及紅茶等咖啡因含量高的飲料不僅容易因利尿作用造成水分流失，飲用過多還會導致頭痛、心跳加快、失眠等，必須有所節制。

　　若攝取過多水分，會造成電解質失衡，可能出現頭痛、噁心等情形。

　　順便提醒，喝酒會使得抗利尿激素這種調整尿量的激素分泌減少，產生利尿作用，因此喝酒時會比平常容易脫水，要記得確實攝取水分。

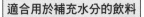

適合用於補充水分的飲料

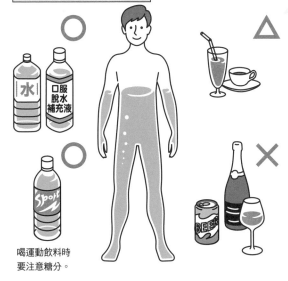

喝運動飲料時
要注意糖分。

人體內約有60%是水分，一天所需要的水約為2.5公升。扣除進食所攝取的1公升、體內製造出的0.3公升，還要再喝1.2公升的水。

為何皮膚曬傷
會脫皮？

如果長時間待在大太陽下，
臉、手臂、背部等曬到太陽的地方隔天就會脫皮。
曬太陽究竟會對皮膚造成怎樣的影響？

曬過頭就相當於輕度的燒燙傷

　　適度接觸陽光能製造維生素D、重置生理時鐘，帶給身體正面的影響，
但曬得太多則會產生問題。過度暴露在陽光中含有的紫外線下，會引起皮
膚發炎，這便是曬傷，在醫學上稱作日光性皮膚炎，臉、頸部、肩膀、手
臂、腿、背部等接觸陽光較多的部位特別容易發生。夏天去海邊玩或從事
烤肉等戶外活動是常見的曬傷原因，但冬天去滑雪或登山同樣也會。

　　皮膚原本具有預防受到紫外線傷害的機制，負責這項工作的是一種名為
黑色素的色素。由於紫外線使得人體製造出許多黑色素，因此皮膚曬傷時
會變紅、變黑。

　　容易曬傷與否是因人而異，不過一般認為黑色素愈少的人愈容易對紫外
線起反應。當黑色素的作用追趕不上強烈紫外線造成的傷害，皮膚表面就
會壞死。新的皮膚長出來時，壞死的皮膚則會一片片剝落，這便是曬傷會
導致脫皮的原因。在這邊要順便提醒，不要自己將皮膚撕下來，由於皮膚

已經受傷，因此應該等待壞死的皮膚自然剝落。

　　冷卻可以有效改善曬傷所導致的皮膚變紅、刺痛，不妨以沖水或用毛巾包住保冷劑等方式降溫，防止惡化。若大範圍發紅，或皮膚翻起、看得到皮下的部分，則可能需要至醫院就診。

　　紫外線不僅會造成曬傷，還會導致皺紋、黑斑、皮膚粗糙，甚至有可能增加罹患皮膚癌的風險。因此務必要透過服裝及塗抹防曬用品等方式，避免自己暴露於過量的紫外線下。

　　至於日光浴沙龍使用的機器只會照射危害較少的UV-A，去除了有害紫外線UV-B。不過，照射過量的UV-A仍有可能起水泡、產生黑斑等，還是要多加注意。

各種防曬方法

- 穿著長袖衣物、長褲
- 戴帽簷寬大的帽子
- 戴太陽眼鏡
- 撐傘
- 戴手套
- 圍絲巾、圍巾
- 穿著布料細密的衣物
- 塗抹防曬用品
  - ● 外出前30分鐘塗抹
  - ● 選擇防水款式
  - ● 流汗後要每2〜3小時補擦
  - ● 確認SPF（針對紫外線UV-B的防曬係數）

【 需 要 就 醫 的 症 狀 】

大範圍發紅	皮膚翻起，看得到皮下的部分
起水泡	發高燒　等

各種不同的營養素
對身體有何影響？

我們常聽到「吃飯要注重營養均衡」這樣的說法，
但怎樣才算是營養均衡？
有益身體的營養素會發揮哪些作用？

維持生命活動所必須的物質

我們會消化、吸收從體外攝取的物質，以維持日常活動。食物所含的各種物質之中，便包括了進行上述行為所必須的營養素。

營養素被身體吸收後，主要會產生三種作用。

❶ 提供身體運作所需的能量。

❷ 構成肌肉、血液、骨骼等身體各部位。

❸ 調節身體機能。

做為能量來源構成身體的三大營養素分別是碳水化合物（醣類）、蛋白質、脂質，有時也會再加上調節身體機能的維生素與礦物質（這兩者也叫作無機質）合稱為五大營養素。膳食纖維雖然不屬於五大營養素，但也是維持健康非常重要的成分。膳食纖維是指食物之中人體的消化酵素無法消化的成分，能夠改善腸道機能、調整醣類及脂質的吸收。

營養素各自發揮不同作用的同時，也支撐起我們的生命活動。飲食注重

均衡有助維持健康，反過來說，飲食不均衡則對身體有害。如果只吃肉類、油炸食物，完全不碰蔬菜，會引發高血壓、糖尿病等生活習慣病。為了減肥而不攝取碳水化合物，也會導致注意力下降及低血糖症狀。

要注意的是，**每一種營養素都不是攝取得愈多就愈健康**。有時當電視節目播出「○○有助瘦身」的內容後，節目中提到的食材隔天就會在超市被搶購一空。就算對健康再好，只攝取特定食材或營養素都是很危險的事。

如果不知道該吃什麼、該吃多少的話，不妨參考厚生勞動省與農林水產省提供的「飲食均衡指南」，這是政府為了讓民眾擁有更健康的飲食生活所製作的。

身體所需的五大營養素

均衡攝取五大營養素是最重要的原則。

構成身體各部位

蛋白質

肉、魚、大豆等

提供人體所需能量

脂質

醣類（碳水化合物）

奶油、美乃滋、堅果等　　米飯、麵包、麵條等

調整身體的運作

維生素

礦物質

黃綠色蔬菜、水果等　　牛奶、肝臟、羊棲菜等

聰明的人
腦部皺褶較多？

「用功念書可以增加腦部皺褶，讓人變聰明。」
「天才科學家的腦部滿滿都是皺褶。」
……這些說法是真的嗎？

聰明與否和腦部皺褶的關係尚無定論

　　腦的表面覆蓋著控制語言及思考的大腦皮質，我們看到的腦部皺褶，其實就是大腦皮質的部分。裂縫狀的部分叫作腦溝，裂縫彼此之間隆起的部分則叫腦迴，一般所說的皺褶便是指腦溝。

　　腦部某些地方的腦溝較深，從上方俯視可以看到正中央有一條縱向的長深溝，將腦部分為右腦與左腦。側面看到的深溝則將腦部分成了額葉、頂葉、顳葉、枕葉（➡ P.23）。

　　一般認為，大腦皮質有許多皺褶是為了增加表面積。由於要在有限的空間中容納神經細胞，於是製造出皺褶。如果將皺褶全部攤平的話，大腦皮質的面積相當於一張報紙那麼大。

　　關於聰明的人腦部皺褶較多的說法，其實目前尚未得到證實。如果從大腦皮質的作用和語言及思考有關來看，腦部皺褶愈多意味著表面積愈大，也因此讓人覺得這樣代表比較聰明。

另一方面，大腦的重量和智力同樣沒有絕對的關係。人腦平時其實只用到了全部的3％這種説法，也還沒有明確的證據。或許會有人覺得，如果真的只用到了3％的話，只要能夠運用剩下的97％就好，並不需要特地想辦法增加皺褶，不過這也僅止於想像而已。

雖然已經進行了許多研究，但人的腦部仍有許多未知的部分。隨著科學發展，未來有一天或許將會釐清智力與腦部皺褶間的關係。

聰明與否和腦部皺褶的關係

腦迴

腦溝

腦部的皺褶其實是大腦皮質的腦溝。
皺褶愈多，大腦皮質的表面積也愈大，
這樣似乎代表頭腦也比較聰明？
但其實人的聰明才智和腦部皺褶的關係
目前在科學上尚無定論……

人在睡覺時
真的會進行記憶的
整理嗎？

ZZZ...

「覺沒睡飽的話會記不住事情。」
你有聽過這種說法嗎？
這是怎麼一回事呢？

人會在睡眠時穩固記憶

　　我們的記憶包括了經過幾分鐘就會忘記的短期記憶，以及會長時間保留的長期記憶。從視覺、聽覺、觸覺等感官獲得的資訊，可能是某些片斷或者具有意義的內容，這些都會集中於腦部的海馬迴，當作短期記憶暫時保存起來。短期記憶會繼續保存下來或是遭遺忘，與被回想、使用的頻率有關。海馬迴的工作便有如記憶的指揮中心，會決定短期記憶的去留。

　　有可能會被忘記、還不穩固的短期記憶若經常有機會用到，會被認為是重要的而轉換為穩固的長期記憶。這被稱為「記憶穩固」，而睡眠則在有效穩固記憶這件事上扮演了重要的角色。

　　學習的記憶會透過睡眠妥善保存起來，原因在於睡眠是與記憶穩固有關的因素之一。記憶之所以容易在睡眠時得到鞏固，要從睡眠的週期說起。

　　我們睡覺時會以90分鐘為單位，重複循環快速動眼期與非快速動眼期這兩個睡眠週期。所謂的快速動眼期（REM：Rapid Eye Movement）是指

眼球的快速運動，即使在睡眠之中，眼球也會轉個不停。身體雖然放鬆了在休息，但腦部有一部分正活躍地運轉。相反地，在非快速動眼期，除了維持生命所必須的腦幹以外，都是處於休息狀態。這兩種狀態都與記憶有關，但快速動眼期對於整理學習到的記憶而言更為重要。在快速動眼期時，海馬迴會產生一種名為 θ（Theta）波的強烈腦波。研究認為 θ 波是記憶穩固的重要關鍵，透過海馬迴在快速動眼期的運作，腦部會對一天下來的記憶做出取捨選擇。我們之所以會做夢，就是快速動眼期時在進行記憶整理的狀態。

為了讓記憶在睡眠時穩固，必須要有充分的睡眠，睡眠不足將導致語言、計算、記憶相關的機能下降。另一方面，不小心睡著之類數小時的睡眠（有時短至6分鐘）似乎也有助於提升維持記憶的能力。關於腦與記憶的機制，目前存在各種說法，但無論如何，睡眠充足的重要性可說是無庸置疑。

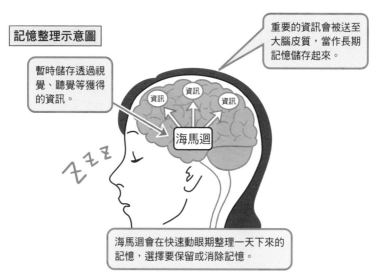

記憶整理示意圖

重要的資訊會被送至大腦皮質，當作長期記憶儲存起來。

暫時儲存透過視覺、聽覺等獲得的資訊。

資訊　資訊　資訊

海馬迴

海馬迴會在快速動眼期整理一天下來的記憶，選擇要保留或消除記憶。

位於腦部中央的海馬迴會將來自外部的資訊儲存為短期記憶。
睡眠時會對一天的記憶做出取捨選擇，當作長期記憶儲存起來。

人與人的肢體接觸
是必要的？

肢體接觸是表達情感的方式之一，
但為何肢體接觸具有
讓人感覺幸福的神奇魔力呢？

身體的交流接觸會使人分泌幸福激素

　　肢體接觸的刺激會經由皮膚傳達給對方。皮膚是人體面積最大的器官，其中一項重要的作用，就是捕捉來自外界的各種資訊傳達給腦部。由於皮膚所傳達的訊息甚至足以影響情緒，因此有人形容皮膚是有「心」的。

　　肢體接觸會讓人感覺幸福，是因為接觸到皮膚會促使催產素分泌。催產素是由間腦的下視丘分泌，由於具有加深人與人的情感連結，孕育信任、愛情等作用，因此也被稱為「愛情激素」。催產素是與分泌母乳、收縮子宮、生產及育兒相關的激素，但男性也會分泌。不過，催產素在男性身上的效果會因為睪酮這種男性荷爾蒙而降低，所以男性需要的肢體接觸為女性的2～3倍。

　　進行牽手、搭肩、按摩等肢體接觸約5分鐘，就會分泌催產素，但並不是任何人來做這些動作都有用。被自己不信任的人觸碰時不會分泌催產素，反而可能造成壓力。而如果是像夫妻這樣彼此信任的關係，甚至只要

相互對望、聊天，就能促使催產素分泌。這樣的效果並不侷限於人類，撫摸寵物也會活化飼主及寵物的催產素。

　　肢體接觸讓人感到幸福另一個原因，是位於皮膚的Ｃ神經纖維。Ｃ神經纖維會將被碰觸的資訊傳達給腦部，產生愉悅或不悅的情緒。若腦內的血清素神經得到活化，會分泌血清素。血清素被稱為「幸福激素」，會帶來緩解不安及心情低落，提升副交感神經的運作、使人放鬆等效果。

　　臉部與手臂都有許多Ｃ神經纖維，並容易對柔軟物體緩慢觸碰的刺激起反應，因此人的手做出溫柔按摩般的動作會讓Ｃ神經纖維有反應。

　　肢體接觸與皮膚、腦部、激素都關係深遠，並且會為我們帶來幸福。積極地和自己信任的人進行肢體接觸，相信也更能建立情感連結及愛情。

分泌幸福激素

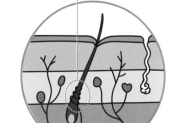

Ｃ神經纖維

位於皮膚的Ｃ神經纖維上有毛根纏繞。
Ｃ神經纖維會將被碰觸的資訊傳達給腦部，
產生愉悅、不悅的情緒。
肢體接觸能加深情感連結及愛情。

「血液順暢」
是怎樣的狀態？

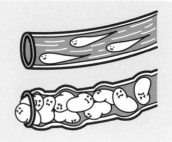

血液如果是「順暢」的狀態，代表身體健康。
可是，在我們體內流動的血液，
原本不就應該是順暢的嗎？

「順暢」代表血液在體內流動的狀態

　　血液佔成人體重的比例為8%，從心臟被送出來後，會不停地在全身流動。如果身體健康的話，血液不管在哪裡都能順利無礙地流動。但如果血管阻塞，血液流動變差的話，會導致心肌梗塞、腦梗塞等疾病，嚴重時還有可能演變成危及性命的重症。

　　沒有上述的情形，血液能順利流動而不受阻的狀態便可稱為「順暢」。至於無法順利流動的血液，則會被形容為「流不動」。

　　造成血液流動變差的其中一個原因是動脈硬化。也就是通常應該柔軟有彈性的血管，出於某些因素導致血管壁變厚、變硬。雖然年齡增長也會導致動脈硬化，但若再加上抽菸、膽固醇、高血壓、肥胖、運動不足等問題，會更容易發生。

　　吃太多肉類及乳製品、蔬菜攝取不足、暴飲暴食也會引發動脈硬化。若想預防動脈硬化，最重要的就是飲食、運動等生活習慣的改變。除了戒

菸、適度的運動外，納豆黏液的來源——納豆激酶、醋及梅乾所含有的檸檬酸、青背魚富含的DHA與EPA、紅酒及綠茶中的多酚類等，都有助於維持血液及血管的健康。另外，具有強大抗氧化作用的番茄及洋蔥；可抑制血壓上升，且鉀含量豐富的酪梨、菠菜；能排出膽固醇，並有豐富膳食纖維的地瓜、青花菜、牛蒡、羊棲菜等也對血液的順暢有幫助。

除了動脈硬化外，壓力、脫水等原因也可能造成血液流動變差。

這裡要順便說明，醫院給的「讓血液順暢」的藥其實是抗凝血藥物，一般用於預防血液結塊——也就是血栓，以及腦梗塞復發等。

良好的生活習慣有益血管健康

 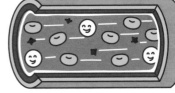

動脈硬化的血管　　健康的血管

怎麼樣才能
使骨骼強健？

人類的身體是靠大小、形狀不一的骨骼支撐起來的，
為了常保骨骼強健，
有哪些該注意的重點呢？

運動、營養、陽光是骨骼強健的關鍵

　　骨骼和細胞一樣，不斷在進行新陳代謝，但「製造骨骼（＝骨形成）」與「破壞骨骼（＝骨吸收）」兩者間的均衡關係，將決定骨骼是會變強健或是變脆弱。

　　表示骨骼強健程度的骨強度包括了骨密度與骨質（骨骼的結構及材質）兩項指標，關係到骨折的風險。破壞骨骼的作用若高於製造骨骼的作用，骨強度就會降低。因骨強度降低而變得容易骨折的狀態，便是骨質疏鬆症。所謂的骨骼強健，便是指有足夠的骨強度，不易發生骨折的狀態。

　　骨強度在成長期會到達頂點，之後隨著年齡增長逐漸下降。尤其女性在停經後，由於雌激素這種女性荷爾蒙的分泌會急遽減少，骨吸收作用活躍，使得骨骼變脆弱。高齡女性容易有骨質疏鬆症就是這個原因。

　　若希望骨骼能不受年齡影響、持續強健，就必須適度運動、攝取充足的營養、照射陽光。運動帶來的負荷會使骨骼強壯，骨骼承受的負擔增加，

製造骨骼的作用會更為活躍，提升骨密度，建立堅固的結構。

至於在運動的種類方面，比較推薦的是球類及有氧運動等容易帶給骨骼負荷的運動。也可以先從健走、慢跑等，不會感覺太吃力的運動做起。另外，要製造強健的骨骼，也必須有營養做為材料。構成骨骼的鈣質、促進鈣質吸收的維生素 D、有助於鈣質進入骨骼的維生素 K 等各種營養素都要攝取充足。

維生素 D 除了從食品攝取以外，皮膚受到陽光中的紫外線照射後也會合成。最適合照射陽光的時間取決於季節、天候、皮膚的黑色素量等因素，一般社團法人日本內分泌學會建議，「手、腳一天曬 30 分鐘至 1 小時的太陽便能夠產生效果，而且即使撐傘或戴帽子也一樣有效。」

強健骨骼的方法

運動

進行健走等適度的運動，能帶給骨骼負荷，並改善血液流動。

飲食

透過飲食攝取充足的營養。除了鈣質以外，鮪魚、鯖魚所含的維生素 D 及黃綠色蔬菜、海藻中的維生素 K 可幫助鈣質吸收，也要記得補充。

陽光

適度地曬太陽可以活化維生素 D，請依季節及環境做調整。

常見的健康迷思

認識身體的大小毛病

神奇的人體現象

破解老化之謎

人一生的行走距離
可以繞地球約3.3圈！

走路被視為有益健康的一件事，
因此我們常會看到「每天要設法走八千～一萬步」這樣的說法。
養成多走路的習慣，增加每天的活動量，
有助於預防生活習慣病。
人類在進化的過程中從四足步行變成了二足步行，
一生中行走的距離其實超乎想像的遠。

日本人一天行走的步數
平均為6400步。
假設活到80歲的話，
就相當於

6400步 × 365天 × 80年
＝1億8688萬步。

若以步幅70公分來計算，

1億8688萬步 × 70公分

＝130億8160萬公分

＝13萬816公里

地球的周長約為4萬公里，

13萬816公里 ÷ 4萬公里

＝3.27周。

換句話說，

可以繞地球約3.3圈。

START

GOAL

順帶一提……

日本列島的南北縱長約為
3000公里，換算下來的話
可以來回約22趟！

22趟！

戴口罩
可以鍛鍊肺活量？

為了預防傳染病或避免花粉症，都得戴上口罩。
雖然呼吸會變吃力，
但這樣是不是能鍛練肺活量呢？

口罩造成的負擔能鍛練呼吸肌？

　　戴口罩的目的包括了阻擋花粉或灰塵、保持喉嚨濕潤、預防傳染病等。
口罩的主要材質是片狀的不織布，雖然薄且透氣性佳，但會將口鼻都蓋
住，因此可能讓人感到不易呼吸。

　　或許會有人覺得，持續著戴口罩的狀態，應該能提升呼吸機能，增進肺
活量。

　　不過，肺活量其實是指肺部吸空氣吸到最飽，然後吐出來的量。運動員
的肺活量較一般人大，是因為呼吸用到的肋間肌及橫膈膜等呼吸肌較為發
達的關係。

　　過去以來一直有在運動時戴著口罩，增加呼吸肌的負荷以鍛練肺活量的
訓練方式，最近市面上也看得到專門用來鍛練呼吸肌的口罩。這種口罩有
可以調整空氣通道的設計，或是使用不同材質製作，透過各種方式對呼吸
肌增加負荷。

　　戴著口罩進行訓練，的確有可能提升運動表現。有研究報告指出，增加呼吸肌的負荷，可以增進呼吸的效率。

　　這項研究所使用的，是醫療用的外科手術口罩及可以調整空氣阻力的訓練用口罩。外科手術口罩原本是供醫療使用的，不過一般民眾也買得到。但是，由於大規模實驗的次數還不夠多，因此無法斷言口罩一定有助於提升呼吸機能。也許戴口罩進行訓練確實有嘗試的價值，但仍需要多加注意。戴口罩會使得心跳數及呼吸數上升，有可能造成心臟及肺的負擔。另外，如果在高溫或高濕的環境中戴口罩，熱不僅容易悶在體內，而且由於經過了加濕，也容易察覺不到自己口渴，增加中暑的風險。

　　運動員在做好了安全措施後，將戴口罩當成訓練項目之一或許無妨，但對於不需要將肺活量鍛鍊到極限的一般人而言，冒著危險用戴口罩的方式提升肺活量似乎益處不大。

戴口罩鍛鍊肺活量

戴著口罩進行訓練會增加心肺的負擔，要多加注意。

感冒病菌

「體溫高的人
不容易感冒」
是真的嗎？

體溫是因人而異的，
有的人平常體溫是37℃，也有人是35℃，
體溫的高或低對健康會有影響嗎？

與免疫功能有關的自律神經可能會導致體溫偏低

感冒也稱為急性上呼吸道感染，主要的症狀包括咳嗽、流鼻水、鼻塞、喉嚨痛等，有時也會伴隨發燒、頭痛、身體倦怠。感冒最常見的原因為病毒感染，佔了80～90％，其餘則是細菌感染、過敏等。

咳嗽、打噴嚏時散播的飛沫中所含的病原體會附著於氣管的黏膜，並侵入、繁殖形成感染。不過，就算病原體進到了體內，也未必會繁殖。只要身體的免疫系統能勝過病原體的感染力及數量，就能避免病原體繁殖，讓身體免於感染。換句話說，免疫系統是預防感冒的重要關鍵。

關於體溫對免疫系統的重要性，坊間書籍或網路上有各式各樣的說法，像是體溫降低的話，免疫力也會下降；體溫愈高，免疫系統就愈活躍……等，但這些說法未必全部都有醫學根據。一般多半會建議勤洗手、漱口來預防感冒，提高體溫則並非標準的方法。

但話說回來，醫學上也很難斷定體溫高低與免疫力完全無關。體溫偏低

或身體冰冷如果是因為自律神經失調所引起的，的確有可能比較容易感冒。自律神經會進行體溫的調整，如果運作出了問題，出現失眠、疲勞等問題將導致體力下降，因此變得容易感冒。

　　除了做好基本的預防措施外，注意自己的飲食、睡眠、運動等，維持生活規律，都有助於戰勝感冒。

體溫與自律神經的關係

失眠或疲勞等所導致的
自律神經失調
也有可能造成身體冰冷或體溫偏低。

為何有些人
睡得很少
也能如常生活？

有些人的睡眠時間不僅低於一般人，甚至每天只睡3小時，
卻還是能照常工作、生活，這種人被稱為短時睡眠者。
短時睡眠者的身體有什麼不一樣的地方嗎？

短時睡眠者說不定只是在硬撐

　　每個人一天的睡眠時間長短不一，有些人每天睡不到6個小時依舊能如常生活，這種人被稱為短時睡眠者，據說在日本人中佔了5～8％。

　　2018年國民健康、營養調查中曾問到，「最近這一個月，你一天的睡眠時間大約是多久？」有36.1％的男性及39.6％的女性表示不到6小時。

　　如果只需要短時間的睡眠便足以維持日常活動，或許就能大幅增加用於工作或休閒活動的時間。但從醫學觀點來看，睡眠不足會對腦部及身體造成各種不良影響。若持續地睡眠不足，還會出現注意力下降、煩躁、易怒等症狀。也有說法指出，激素的影響會造成食慾增加，增加高血壓、糖尿病、高血脂症等生活習慣病的風險。

　　身體為了彌補不足的睡眠，會想在下一次睡覺時睡得更久、更深，這種情況和欠債很像，因此被稱為「睡眠負債」。一般認為，睡眠負債會逐漸累積，對腦部及身體造成負擔。

　　雖然有說法認為只要經過練習，就能成為短時睡眠者，但也有反對意見主張並不是訓練就一定會有用。另外也有研究指出，短眠與基因突變有關。有些自認為是短時睡眠者的人，說不定只是在硬撐罷了。

　　另外，如果很想睡但卻睡不著的話，也必須多加注意。這是一種名為失眠症的睡眠障礙，有可能需要前往醫療院所就醫。

　　至於睡眠時間超過10小時的人則稱為長時睡眠者，在日本約有3～9％的比例。而每天睡6～10小時的一般型睡眠者則佔總人口的80～90％。

3種睡眠型態

短時睡眠者
不到6小時
日本人的5～8％

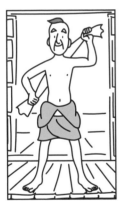

長時睡眠者
超過10小時
日本人的3～9％

一般型睡眠者
6～10小時
日本人的80～90％

【 會導致失眠的疾病 】

| 憂鬱症 | 睡眠呼吸中止症 | 不寧腿症候群 |

等

早上起床後曬太陽為何有益健康？

起床後站在陽光下會讓人覺得神清氣爽，
這純粹只是心情上的感受嗎？
對身體是否有影響呢？

陽光會讓生理時鐘重置為24小時

　　人體的激素分泌及體溫等機能會以24小時為循環發生變化。這叫作晝夜節律（Circadian Rhythm），也被稱為生理時鐘。

　　晝夜節律會決定進食、睡眠等的時間，因此一般認為配合其節奏生活是維持健康的重要原則。作息不規律或連續上夜班等容易使身體變差，就是與晝夜節律不一致的緣故。去國外必須要調整時差讓身體適應，也與晝夜節律有關。

　　晝夜節律的核心，是血清素與褪黑素這兩種激素的作用。血清素是在腦內從一種名為色胺酸的必需胺基酸製造而來，由於體內無法生成色胺酸，只能由食物攝取。大豆製品及起司等食物都含有豐富的色胺酸。另外，白天時曬太陽也能製造色胺酸。褪黑素的原料則是白天時生成的血清素，由腦部的松果體負責製造。

　　這兩種激素共通的特性是會對光起反應。隨著接近夜晚、天色變暗，身

體會自然分泌褪黑素，帶來睡意。到了早上照到太陽後，從視網膜進入的光線會抑制褪黑素分泌，並開始製造血清素，讓身體醒過來，這便是太陽能幫助身體清醒的原因。

另外，體內的晝夜節律其實比24小時略長一些，是陽光將節奏調回24小時的。也就是為了避免晝夜節律與地球的自轉愈差愈多，因此要曬太陽將節奏重置為24小時。由於早上6點～8點30分這段時間生理時鐘比較容易有反應，因此最好也要挑選一下曬太陽的時段。

白天照射到的陽光多寡會影響血清素與褪黑素的生成，若想讓生理時鐘正常運作，就要記得曬足夠的太陽。

天黑了就上床睡覺，天亮了就起床在陽光下活動，這樣的生活以科學觀點來看也是非常合理的。

生活節奏與褪黑素的關係

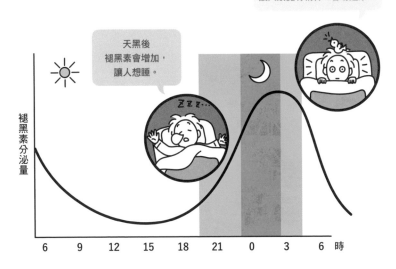

早上曬了太陽後，
褪黑素會減少，
讓人感覺有精神、容易醒來。

天黑後
褪黑素會增加，
讓人想睡。

褪黑素分泌量

6　9　12　15　18　21　0　3　6　時

怎麼做
才能提升免疫力？

有沒有方法可以提升免疫力，
避免傳染病上身呢？

規律的作息可以讓免疫系統穩定運作

我們的身體具有抵擋病毒、細菌等病原體入侵的機能，將外來的病原體視為異物，透過身體本身的機制加以排除。皮膚及黏膜有防止異物入侵的作用，即使真的進到了體內，白血球、淋巴球、抗體等也會保護身體，這些構成了我們的免疫系統。

壓力、年齡增長、生活習慣不良等因素可能會導致免疫無法正常運作。當免疫的作用降低時，對抗病原體的戰力就會減弱而容易感冒，或是得流感等疾病。因此，維持免疫系統穩定運作是預防疾病的重要關鍵。

一般認為飲食與免疫系統關係密切，這是因為約有7成的免疫細胞位在腸道黏膜。營養均衡的飲食有助於維持腸內細菌處於良好狀態，使免疫系統有效運作。推薦的食物包括了含有乳酸菌、可改善腸內環境的優酪乳，以及維生素C含量豐富的高麗菜、青花菜，具有抗菌效果的大蒜、蔥等。但也不能因為有助於提升免疫，就只吃特定的食物。要記得均衡地攝取多

種食物，以避免營養不均。

另外，睡眠也與免疫有關。如果睡眠時間過短，會造成自律神經失調，降低免疫。由於壓力同樣會引發自律神經失調，因此最好設法排解，不要累積過多。適度的運動有助於紓解壓力、提升睡眠品質，讓免疫系統得以穩定運作。

免疫系統會受到各種不同因素影響，所以並沒有什麼神奇的方法能輕易提升免疫力，讓人不會生病。在飲食、睡眠、運動上用心，不要帶著壓力過生活，可說是確保免疫系統穩定運作的不二法門。

常見的健康迷思

認識身體的大小毛病

神奇的人體現象

破解老化之謎

讓身體遠離病原體的良好習慣

睡眠充足

適度運動

戒菸

維持健康的體重

要做到正確洗手
有哪些重點？

洗手可以預防傳染病，
但怎樣才是正確的洗手方式？
有哪些重點需要注意？

用肥皂或洗手乳搓洗15秒以上

面對細菌及病毒等病原體入侵身體的威脅，洗手是有效預防傳染的方式之一。

門把、電車吊環、電梯按鈕等許多人摸過的地方，都附著了各種病原體。手碰過這些地方後再摸自己的眼睛、嘴巴、鼻子等，病原體就會從黏膜進入身體。就算是免疫力再好、不容易得傳染病的人，當病原菌的數量及感染強度到達一定程度時，還是有可能會遭感染。所以，減少附著於手上的病原體，盡可能避免身體遭入侵便成了一大重點。

由於洗手能減少相當數量的病毒，因此可有效預防流感及新型冠狀病毒感染症等。

要正確洗手，必須先將指甲剪短，並取下手錶及戒指。指甲留太長的話，手指間會洗不乾淨，戴著手錶及戒指洗手則無法完全洗去髒污。建議的洗手方式是使用肥皂或洗手乳搓洗15秒以上。只用清水洗雖然也有效

果，但只要用肥皂搓洗10秒，再沖水15秒，就能讓病毒減少為原來的萬分之一。容易洗不乾淨的指尖、拇指根部、手指間、手掌的皺褶等部位，在洗手時要特別留意。洗完之後，要用乾淨的毛巾或擦手紙巾等確實將手擦乾。如果一直用同一條毛巾，濕掉的部分會容易孳生細菌，因此要勤於更換。用完即扔的擦手紙巾則沒有這層顧慮，是比較建議的選擇。

洗手的時機包括了外出返家時、做菜前後、用餐前等，勤洗手有助於預防傳染病。無法馬上洗手時，也可以用酒精消毒。雖然酒精對諾羅病毒之類的病原體作用不大，但對於流感病毒及新型冠狀病毒是有效的。

過度洗手或消毒所導致的皮膚乾燥、粗糙也必須特別注意。指甲周圍的逆剝或傷口會容易有病原體殘留，因此建議平時使用護手霜保濕，嚴重的話則要前往皮膚科就醫。

常見的健康迷思

認識身體的大小毛病

神奇的人體現象

破解老化之謎

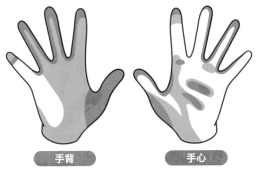

容易洗不乾淨的部分

■ 最常洗不乾淨
■ 有時會洗不乾淨

手背　　　手心

即使有心依正確方式洗手，也未必就能洗乾淨。
手指間及掌心皺褶等部位尤其要用心洗。

為什麼
我每年都得流感？

有的人打了疫苗還是會得流感，
有的人沒打疫苗也不會得，
到底差別在哪裡？

阻斷感染途徑，防止免疫機能降低

　　每年冬天到初春都是流感的高峰期，除了與一般感冒相似的咳嗽、喉嚨痛、流鼻水等症狀，流感還會伴隨高燒、畏寒、關節痛等劇烈的全身症狀。為了預防新型冠狀病毒，民眾現在都會配戴口罩，罹患流感的人數也因而銳減，但流感會在少數兒童身上引發腦部病變，或造成年長者的肺炎等，仍舊是有可能重症化的可怕疾病。

　　流感病毒可大致分為Ａ、Ｂ、Ｃ三型，每年冬天流行的是Ａ型與Ｂ型這兩種季節性流感。由於許多人都已經對此擁有基礎的免疫力，因此流行程度相對較小。

　　但新型流感因為性質大幅改變，具備免疫的人較少，所以會迅速傳播開來。新型流感會以10～40年為週期出現，影響到許多民眾的健康，有時甚至演變為威脅到生命的大流行。

　　流感病毒的主要傳染途徑為咳嗽、打噴嚏、口水等的飛沫傳染，以及遭

病毒污染的物品成為媒介造成的接觸傳染。免疫反應會對抗經由這些途徑入侵的病毒，若免疫系統獲勝，病毒就會被清除；若免疫系統沒有正常運作，病毒就會繁殖，使身體遭受感染。作息不規律、偏食、睡眠不足等都會導致免疫機能降低。

另外，容不容易得流感也與環境有關。空氣若是太乾，呼吸道黏膜的防禦機能會下降，不易清除病毒。人潮聚集處或鬧區等與病毒接觸機會較多的地方，也會增加感染風險。如果每年都會得流感的話，或許有必要檢討生活習慣或環境。

在進入高峰前先接種疫苗是有效的預防手段。疫苗雖然無法作到完全預防，但能降低得流感的風險，即使得了也能防止重症化。尤其65歲以上的年長者及嬰幼兒、慢性病患者等容易重症化、引發併發症的族群，都建議主動接受施打。

預防流感的方法

洗手
返家時、調理食物前後、用餐前等都要勤加洗手。

接種疫苗
在進入高峰前接受預防接種。

戴口罩
配戴不織布製口罩。

飲食
規律攝取營養均衡的食物。

睡眠
保持睡眠充足。

濕度
建議濕度為 50～60%。

外出
流感高峰期避免前往人潮聚集處及鬧區。

認識身體的大小毛病

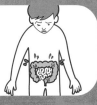

為什麼天氣變化時身上會有地方痛？

快要下雨時，
頭或關節就會痛起來……
天氣真的會影響到身體狀況嗎？

氣溫、濕度、氣壓的變化都會引起疼痛

有些人可能把天氣變化會造成頭痛、身體痛當成無稽之談，但其實這是有醫學根據的。佐藤純醫師在 2005 年開設了日本首見的天氣痛門診，創造出「天氣痛」一詞。佐藤醫師表示，天氣可能會引發慢性疼痛（頭痛、肩膀僵硬、頸部痛、心情低落、頭暈等）或使其惡化，全日本受天氣痛所苦的民眾推估超過一千萬人。

有一個與天氣痛相似的詞叫作「氣象病」，指的是因氣象條件或季節因素而頻繁發作、惡化的氣喘或心臟病等，天氣痛也是氣象病的一種。一般認為，會產生天氣痛是因為身體將天氣的變化判讀為壓力，交感神經受到了刺激，因而產生疼痛。天氣痛的原理，是身體原本就存在造成疼痛的疾病或症狀，受到了交感神經的影響，或是直接作用在疼痛的神經上。容易引發天氣痛的疾病、症狀包括了偏頭痛、肩膀僵硬、退化性關節炎、下背痛、類風濕性關節炎等。

天氣變化包括了降水量、氣溫、風速、氣壓等各種不同因素，與疼痛最有關的為氣溫、濕度、氣壓，身體感知到這些變化會容易產生疼痛。

避開氣溫、濕度、氣壓的變化，或許就能預防疼痛，但在日常生活中是無法完全控制這些因素的。氣溫與濕度也許可以用加濕器、冷暖氣機做調整，但氣壓的變化就沒有這麼簡單了。氣壓的變化其實隨處可見，像是飛機起飛及降落、搭乘電梯、新幹線進入隧道等。

天氣痛的解決之道包括了察覺天氣變化、學習如何控制疼痛、治療造成疼痛的疾病等。具體的改善方法則有伸展身體、按壓穴道、改善生活習慣等，或進行止痛藥及中藥的口服藥治療。

一般認為天氣痛從遠古時代就已存在，相傳邪馬台國的卑彌呼由於有偏頭痛，因此能感覺到低氣壓，知道何時該進行祈雨。

氣象病的種類

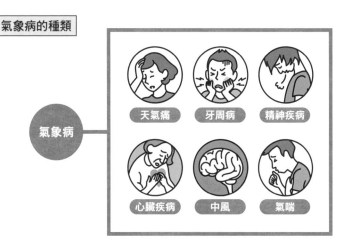

氣象病的種類五花八門，天氣痛也是其中之一，
一般認為是交感神經的刺激所導致。

人在一生中
會眨眼５億６０６４萬次！

人一分鐘會自然而然眨眼約 15～20 次，

也會因為光或異物等刺激而反射性地眨眼。

感到緊張或說謊時，眨眼次數會增加；

看書或是盯著電腦、手機螢幕時，眨眼次數則會減少。

若以一分鐘眨眼 20 次來計算，

假設一天醒著的時間為 16 小時，

20 次 × 60 分鐘 × 16 小時
＝ 1 萬 9200 回。

一年下來則是 700 萬 8000 次。

如果活到 80 歲，一生中就會眨眼

5 億 6064 萬次。

各種動物的眨眼次數

人類
一分鐘15～20次

貓
一分鐘約3次

狗
一分鐘約2次

黑猩猩
一分鐘約20次

馬
一分鐘約26次

獅子
一分鐘1次

幾乎不眨眼

順帶一提……

生活在水中，
沒有眼瞼的魚不會眨眼。

為什麼去到書店就會想上廁所？

不知為何，有些人只要去到書店，

肚子就會咕嚕咕嚕地攪動，想要上廁所。

書店裡有什麼讓人產生便意的東西嗎？

墨水及紙張的氣味會刺激腸子？

排便行為可分為與自身意志無關所發生的排便反射，以及出於自身意志前往廁所排便兩個部分。排便反射是由累積在直腸的糞便刺激所引起的，無法任意控制。

在書店會覺得肚子痛，應該是因為某種原因誘發了排便反射的緣故。

其實書店與廁所的關係在過去就已經受到討論，這種現象還以第一位公開提及自身經驗的女性命名，叫作「青木麻里子現象」。青木麻里子小姐投書到某本雜誌後，引發熱烈迴響，許多人也表示自己有相同困擾，因此受到矚目（1985年）。後來進行的調查顯示，這樣的人約有25％。

書店與上廁所的關係此後曾出現以下各種解釋：

●腸子受到了墨水中化學物質的氣味刺激。

●紙張的氣味讓人聯想到衛生紙。

●尋找喜歡的書會讓人放鬆，因而產生便意。

● 站在店裡看書經常低著頭，這種狀態會促進腸子蠕動。

● 找不到自己想要的書所形成的壓力刺激了腸子。

　　排便反射會受到副交感神經的作用影響，因此靜下心來放鬆的狀態會產生便意這種說法或許未必有錯。不過，身處書店是否能讓人感覺放鬆畢竟是因人而異，因此這個理論恐怕無法適用於所有人。

　　無論如何，去書店之前先上個廁所應該是最保險的做法吧。

走進書店後……

紙張的氣味
讓人聯想到衛生紙。

受到墨水中化學物質
的氣味刺激。

低頭看書的姿勢
使腸子蠕動。

壓力刺激了腸子。

尋找自己喜歡的書
讓人感到放鬆。

膽固醇過高
為何對身體不好？

健康檢查被驗出「膽固醇過高」……。
聽說膽固醇對身體不好，
但究竟會造成哪些問題呢？

壞膽固醇太多會導致動脈硬化

所謂的膽固醇，是身體裡的一種脂質。或許大家都有「膽固醇＝對身體不好」的印象，但我們的身體其實不能沒有膽固醇。膽固醇存在於全身每個角落，包覆細胞的細胞膜、幫助消化的膽汁酸、調整身體運作的激素等都需要膽固醇做為材料，是十分重要的成分。

那為什麼「膽固醇過高」不是好事呢？原因與動脈硬化有關。膽固醇是透過血液運送至全身，但不會直接溶於血液，因此必須由其他物質載運才能移動。根據負責載運的物質不同，膽固醇被分為低密度膽固醇與高密度膽固醇。

數值如果過高會形成問題的，是低密度膽固醇，也被叫作壞膽固醇。相反地，又有好膽固醇之稱的高密度膽固醇則不能太低。低密度膽固醇太多或高密度膽固醇太少，都會引發動脈硬化。

動脈硬化會造成血管通道變窄或容易形成血栓，進而導致心肌梗塞、中

風等重大疾病，非常危險。膽固醇數值是預防動脈硬化的重要指標，診斷血脂異常症時也會參考膽固醇的基準值。血脂異常症是指血液中的脂質數值偏離標準值的狀態，空腹時血液中的低密度膽固醇數值在140mg/dl以上為低密度膽固醇過高（120～139mg/dl為邊緣性高膽固醇血症），高密度膽固醇不到40mg/dl則是高密度膽固醇過低。雖然血脂異常症還有其他的診斷基準，但設法讓膽固醇維持在這個數值的範圍內，是降低動脈硬化風險的指標之一。

　　為了確保膽固醇數值正常，最重要的是從飲食、運動等日常生活上著手。若發現膽固醇數值異常，要聽取醫生的建議，努力預防動脈硬化。

需注意攝取量與建議攝取的食物

膽固醇含量高的食物
會增加膽固醇的食物

可減少膽固醇的食物

除了肝臟、內臟類外，洋芋片、蛋糕等食物也要注意攝取量。

小心
別吃太多

可以提醒自己每天攝取海藻類、納豆、菠菜、番茄、菇類等。

建議
盡量多吃

什麼因素決定了
會不會有花粉症？

有些人到了花粉飛散的季節
就會鼻塞、眼睛不適，感覺非常難受。
但也有人完全不受影響。兩者的差別在哪裡？

就算現在沒事，以後也可能會有花粉症

　　身體對於花粉起的過敏反應，叫作花粉症。花粉如果侵入了眼睛或鼻子，存在於眼睛、鼻子黏膜的巨噬細胞會辨識出花粉，將訊息傳達給T細胞。T細胞通知B細胞該訊息後，B細胞就會製造出針對花粉的抗體。

　　製造出來的抗體會與眼睛、鼻子黏膜的肥大細胞結合，當花粉再度入侵時，與肥大細胞結合的抗體會捕捉花粉的抗原成分。如此一來，肥大細胞會活化，釋放出組織胺、白三烯等引發過敏症狀的化學物質。針對花粉製造出來的抗體及化學物質的反應會導致打噴嚏、流鼻水、眼睛癢、流眼淚等症狀。

　　有花粉症的人和沒有花粉症的人其中一項差別是遺傳所決定的體質。一般認為，有花粉症以外的過敏的人，或家人中有人是過敏體質的話，會比較容易有花粉症。即使現在沒有花粉症，但如果遇到大量花粉，身體製造出了許多抗體的話，未來就有可能變為花粉症。

　　會導致過敏的花粉（過敏原），包括了杉木、檜木、豚草、魁蒿等，種類五花八門。由於空氣中飛散的花粉量隨時期而有所不同，因此有可能春天以外的季節就不會有症狀。另外，花粉也有地域性的差異，北海道不太有杉木生長，杉木花粉似乎就很少。

　　花粉症的治療包括了眼藥、口服藥的藥物療法，以及雷射手術、將過敏原置入體內的免疫療法等。除了醫院進行的治療外，也有一些民間療法具一定效果，像是加濕鼻子及喉嚨的蒸氣吸入器、洗淨鼻子、飲用優酪乳等。但有些民間療法在療效方面可能缺乏確實的根據，安全性方面存在疑慮，因此最好事先進行充分了解。

　　可以從自己做起的花粉症預防措施基本上包括戴口罩及護目鏡減少花粉的接觸量、花粉量多時避免外出、返家時不要將花粉帶進屋內等。遠離會傷害黏膜的香菸、維持作息正常也是要注意的重點。

預防花粉症

● 確認花粉症資訊
● 花粉飛散量大時盡量待在室內
● 緊閉門窗
● 勤加打掃

● 外出時配戴口罩、護目鏡
● 返家進入屋內前拍去衣服、頭髮上附著的花粉
● 避免穿表面帶有絨毛的大衣　　等

動不動就流一堆汗 讓人好困擾

有些人只要一覺得熱或緊張，
就會全身大汗。
有沒有什麼方法可以止住汗水呢？

汗多的人有可能是需要接受治療的多汗症

汗水是皮膚內名為汗腺的器官所排出的分泌物。全身各處分泌的汗水能夠降低體溫，手腳分泌的汗水則有助於止滑，因此人體不能沒有汗水。

汗腺有兩種，分別是存在於全身的外泌汗腺，以及集中於腋下、陰部的頂漿腺。與調節體溫有關的是外泌汗腺分泌的汗水，成分幾乎都是水。頂漿腺分泌的汗水則較有油脂，腋下及陰部等處的氣味便是由此而來，這種氣味據說也有類似費洛蒙的作用，可以吸引異性。

平時不運動的成年男性在夏天平靜度過一天，會流1～2公升左右的汗。不過每個人的流汗多寡會受性別、年齡、環境等各種因素影響，無法一概而論。

流汗的機制可大致分為兩種，一種是體溫或氣溫的上升導致的溫熱性發汗，另一種則是驚嚇、緊張、壓力等所導致的精神性發汗。

降低體溫或氣溫、避免緊張及壓力雖然可以減少流汗，但有時也沒這麼

簡單。若希望當下就要有所改善的話，不妨嘗試「半側發汗」這種運用了身體機制的方法。這是一種神經反射，藉由壓迫身體的一部分，減少受壓迫的半邊身體流的汗，增加另外半邊身體流汗量。壓迫腋下或腋下以上的部位，可以減少頭、臉等上半身的汗，但會增加腰部以下流的汗。衣服的壓迫同樣能形成半側發汗，和服的腰帶會緊緊綁住身體，便很容易達到效果。穿著較緊的內衣或運動服飾給予胸部以上或腋下一帶適當壓迫的話，對於減少容易被人注意到的上半身汗水應該會有幫助。

如果汗濕透了衣服，或握手時會讓別人感到不舒服等，汗多到對日常生活產生影響的話，就有可能是多汗症，需要接受治療。多汗症分為會增加全身汗水的全身性多汗症，以及手掌、腳底、臉、頭、腋下等特定部位汗水過多的局部多汗症。雖然有些多汗症是不明原因所導致，但也有些其實是體內潛伏著疾病或身體受傷，因此不能輕忽。多汗症的治療則有手術及口服藥等各種方式。

汗流不止不僅會影響到生活，也可能因為在意他人的眼光而帶來精神上的痛苦。由於多汗症有時是沒有被發現的疾病所造成，因此如果有流汗太多的困擾，還是建議先去就醫。

減少流汗的方法

用帶子等綁住腋下部分，有助於減少臉等上半身的汗水。但相對地，下半身的汗會變多。這是在想要減少臉部汗水時可以採取的方法之一。

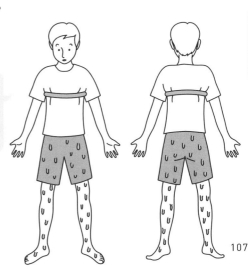

為何傍晚時鞋子會感覺變緊？

一天接近尾聲時，
總感覺雙腿腫脹不已，
到底為什麼會水腫呢？

水腫會因為重力而跑到雙腿

　　人體內的水分存在於血管及細胞，佔了身體組成的約60％。水分會藉由在血管與細胞內移動，以維持體內的水分平衡。

　　水腫是由於水分失衡所引起，也叫作浮腫。當水分因某種原因滲透到了血管外，或是血液及淋巴的流動在身體的末端停滯，水分便會累積在細胞與細胞的空隙間，進而形成水腫。

　　由於水分會受重力影響而往下移動，因此水腫往往容易出現於腿部。雙腿之所以會在傍晚水腫，有可能是因為水分隨著人起身活動而累積在腿部。睡了一晚之後，累積在腿部的水分會移動到別處，水腫因而改善。

　　任何人身上都可能發生暫時性的水腫，起因為飲食不正常或血液的流動下降等。攝取過多鹽分或是進行極端的節食，容易使水分失衡而形成水腫。另外，長時間維持相同姿勢或腿部肌力不足造成的血液流動變差，同樣會引發水腫。這是因為雙腿的肌肉會像幫浦般運作，將血液送回心臟的

緣故。如果腿沒有在動，或是原本肌肉量就少的話，便會因血液流動變差而發生水腫。肌肉量少的女性容易水腫的其中一項原因，就是出在腿部的幫浦作用較弱。而在月經週期中的經前症候群（PMS）也有可能出現水腫的症狀。

　　水腫如果很快就消掉的話，通常不會有問題，但有時也可能是疾病的徵兆。萬一突然水腫，而且過了好幾天都沒消掉的話，還是前往醫院就醫比較保險。

　　預防水腫的方法包括了減少鹽分攝取、飲食均衡、多活動身體等。另外，把腿放到椅子上、睡覺時放個枕頭把腿墊高，也可以透過重力的作用改善水腫。

水腫的發生

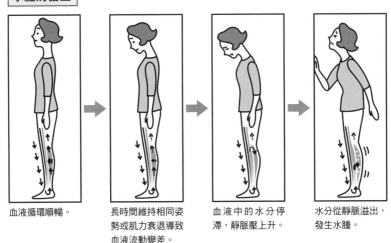

血液循環順暢。

長時間維持相同姿勢或肌力衰退導致血液流動變差。

血液中的水分停滯，靜脈壓上升。

水分從靜脈溢出，發生水腫。

【 引發水腫的疾病 】

腎病症候群	腎功能衰竭	心臟衰竭
肝硬化	下肢靜脈曲張	深部靜脈栓塞

等

為什麼蚊子
特別愛叮我？

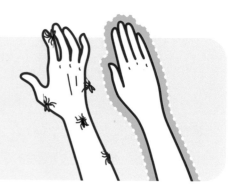

蚊子總是在不知不覺間
偷偷停在人身上吸血。
有些人特別容易被叮是真的嗎？

活動量大、多汗、體溫高的人要特別注意

我們通常以為蚊子是以吸血維生，但你可能不知道，蚊子的主食其實是花蜜及水果的汁液。會吸人血的，只有已經長大的雌蚊，以血液為養分使卵巢發育、產卵。

雌蚊會運用觸覺及腳、眼、細長的口器等，將各種物質當作識別的記號，悄悄接近目標。這些辨識的記號叫作誘引源，最具代表性的包括二氧化碳、熱、水分等。另外，汗水、皮脂、氣味也會誘引蚊子。換句話說，活動量大、吐出較多二氧化碳的人，以及容易流汗的人、體溫較高的人容易被蚊子叮。除了這些因素，某種程度上似乎也與遺傳有關。

「O型的人比較容易被叮」這個說法雖然常見，但目前尚未明確釐清兩者間的關係。雖然似乎有實際使用蚊子的實驗得出了O型較容易被叮的結果，但比起血型，體溫、水分、二氧化碳的量對於是否容易被叮的影響更大。其他實驗也曾出現喝了啤酒後比較容易被叮、腿是全身最容易被叮的

部位等結果。

　被蚊子叮咬最大的問題並不是皮膚腫或癢，而是可能感染疾病。被帶有病原體的蚊子叮咬而感染的疾病，叫作蚊媒傳染病，瘧疾、日本腦炎等傳染病若是重症化還有可能致死。全球目前仍有許多人因蚊媒傳染病去世，蚊子甚至被稱為世界上殺人最多的動物。

　想遠離蚊子帶來的疾病威脅，最重要的就是不要被叮咬，方法之一便是穿衣服以長袖、長褲為原則。另外，蚊子喜歡暗色（深色）多過明亮的色彩，因此建議盡量穿白色衣物，少穿黑色。防蚊液也有驅蚊的效果，但要記得遵照說明書上標示的正確方法使用。清除積水避免蚊蟲孳生也是有效的防蚊方法。

常見的健康迷思

認識身體的大小毛病

神奇的人體現象

破解老化之謎

預防蚊蟲叮咬的方法

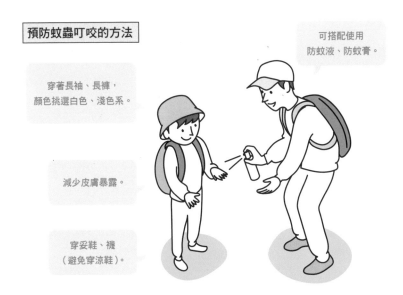

可搭配使用
防蚊液、防蚊膏。

穿著長袖、長褲，
顏色挑選白色、淺色系。

減少皮膚暴露。

穿妥鞋、襪
（避免穿涼鞋）。

【蚊子帶來的疾病（蚊媒傳染病）】

登革熱	屈公病	茲卡病毒感染症
日本腦炎	西尼羅河熱	黃熱病
瘧疾	等	

身體倦怠
是哪裡出了問題？

不知道為什麼，
覺得身體好沉重、提不起勁……
這種不明的倦怠感是怎麼來的？

「倦怠感」有兩種

　　倦怠感這個名詞在醫學上也會使用，是一種類似疲倦的感覺，在某些人身上甚至會影響到日常生活。倦怠感會出現什麼事都不想做、注意力下降等各式各樣的症狀，而且有可能持續數個月至數年之久。提不起勁、倦怠感、疲勞這些詞一般都是用來表達上述的狀況。

　　倦怠的感受會因人而異，有時則是以「難過」、「不好受」來形容。雖然許多人都有過倦怠的經驗，但由於這不是肉眼所能看見的，因此可說是一種難以傳達的症狀。

　　身體感到倦怠的狀態與許多因素有關，但要注意的是，暫時性、很快就得到改善的倦怠與特定因素造成的倦怠兩者是有所不同的。

　　長時間運動或工作帶來的疲勞如果累積太多，身體會發出運動表現及工作效率下降、疲倦想睡之類的信號。當接收到了信號，身體就會設法避免過度運作、過度使用。因此一旦出現了信號，就應該趕快休息。此時的倦

怠稱為生理性疲勞，是身體的自然反應，並且只是暫時性的，休息或睡眠之後便能恢復精神。

但如果倦怠感一直沒有改善、長時間持續的話，就有可能是其他原因導致的病理性疲勞。會造成倦怠的身體問題包括了疼痛、貧血、傳染病、肌力不足、脫水、電解質異常（鈉或鉀失衡）等。

另外，倦怠也可能與心理狀態有關，適應障礙症、憂鬱症等同樣會引發倦怠。除了上述因素，倦怠也可能是潛藏在體內的重大疾病所導致。如果倦怠是特定原因造成的，便必須先針對該原因進行治療。

倦怠可分為兩種

如果是生理性疲勞，只要休息、睡眠便能恢復精神。

若是病理性疲勞，即使有充足的休息或睡眠仍無法消除疲憊……。

【 有可能導致持續倦怠的疾病、症狀 】

貧血	脫水	電解質異常
發燒	傳染病	甲狀腺機能低下
癌症	睡眠障礙	適應障礙症
憂鬱症	慢性疲勞症候群 等	

肩膀好僵硬……
是螢幕盯太久了嗎？

許多人都有肩膀僵硬的困擾，
手機使用過久也是近來常見的原因之一。
但肩膀為什麼會僵硬呢？

肩膀僵硬是人類對抗重力的必然宿命

　　根據厚生勞動省的國民生活基礎調查統計，因疾病或受傷等所引發的自覺症狀中，女性最多的是肩膀僵硬，男性最多的是腰痛，其次便是肩膀僵硬。有肩膀僵硬困擾的人會如此之多，其中一項原因其實是人類的頭相對身體而言太過沉重。

　　肩膀僵硬可能與骨骼、肌肉的因素有關，也可能是狹心症等內臟疾病所造成，原因五花八門。至於與日常生活有關的因素，則包括了眼睛疲勞、長時間維持低頭的姿勢、心理壓力等，低頭滑手機的動作同樣會導致肩膀僵硬。有些人沒有肩膀僵硬的困擾，或許就是因為與壓力或低頭的動作無緣的關係。

　　如果知道原因的話，肩膀僵硬是可以治療的，但實際上有許多都是原因不明，因此只能進行緩解症狀的對症療法，像是痠痛貼布、口服止痛藥、加熱頸部及肩膀等。

　　肩膀僵硬的解決之道包括了避免長時間維持相同姿勢、進行伸展、用暖暖包或以熱水淋浴加熱等。另外，盡量不要累積壓力、改善生活習慣也是要注意的重點。

　　順便在此說明，有些人可能聽過歐美人不會肩膀僵硬的說法，但這其實是對「肩膀」的定義不同所產生的誤解。英文的「shoulder」僅單指身體與手臂的交接處，但我們所說的肩膀通常是指頸部到肩胛骨正中央一帶。即使有相同的僵硬症狀，但由於歐美人不會將該處稱為肩膀，所以也就沒有「肩膀僵硬」這個詞。

改善肩膀僵硬

避免長時間維持相同姿勢

坐在辦公桌前一不小心就會長時間一直維持相同姿勢，因此要記得做伸展、站起身、改變坐姿等。

伸展身體

伸展平時不會動到的地方，尤其是頸部、肩膀等，可有效改善血液循環。

用暖暖包或熱水淋浴加熱

身體冰冷造成血液循環不良的話，可以將暖暖包黏在肩膀一帶，或用熱水淋浴幫肩膀加熱。

【 會引起肩膀僵硬的疾病 】

椎間盤突出	頸椎病	肩關節周圍炎（四十肩、五十肩）
憂鬱症	狹心症	膽結石
膽囊炎 等		

細菌和病毒的預防措施有何不同？

細菌和病毒都會使我們生病，
該怎麼做才能有效抵擋
這些肉眼看不見的威脅呢？

可以阻絕所有威脅的完美方法並不存在

　　細菌和病毒是有可能引發各種傳染病的病原體，兩者在構造及性質上皆不相同，且存在許多種類。

　　細菌是渺小的微生物，特徵是能夠自行繁殖。細菌的大小約為 $1\ \mu m$（微米），病毒則是 20～300 nm（奈米）。μm 是千分之一 mm，nm 則是千分之一 μm（也就是百萬分之一 mm）。細菌屬於微生物，但病毒構造十分單純，僅有蛋白質的外殼與核，並不算生物。

　　人體全身上下皆存在細菌，但未必都對身體有害。停留在皮膚及黏膜的常在菌其實是身體防禦系統的一部分，維持在一定數量的話，對人體是有益的。但常在菌的數量若是過多，或外來的細菌繁殖的話，就會引起肺結核、破傷風、感染性腸胃炎等疾病。抗生素（抗菌素）能消滅細菌、防止繁殖，是對抗細菌的有效手段。

　　病毒則只會在生物的細胞內繁殖，侵入人體的流感病毒、新型冠狀病

毒、諾羅病毒等都會引發疾病。抗生素對病毒無效，基本上只能靠人類原本的免疫反應與其對抗。雖然有能夠防止侵入及繁殖的抗病毒藥可用於治療，但僅對一部分病毒有效。

目前並不存在能有效防止所有細菌及病毒的方法。例如，不織布口罩可以一定程度減少吸入帶有病毒的飛沫，不過像結核桿菌等會透過空氣傳染，且極小的飛沫核必須配戴專用口罩才有辦法抵擋。酒精的消毒效果對某些病毒有用，但如果是諾羅病毒之類的病原體則難以發揮功效。

預防傳染病的重點在於針對不同病原體採取必要措施。有些傳染病的流行有季節性，像是秋冬常見的諾羅病毒、容易在冬天到初春得的流感等，應隨季節變化進行預防。洗手、漱口、咳嗽禮節等基本的預防措施則是不分季節，一整年都要持續做到。

常見的健康迷思

認識身體的大小毛病

神奇的人體現象

破解老化之謎

細菌與病毒的不同

	細菌	病毒
大小	可用光學顯微鏡看到 （約1 μm）	用電子顯微鏡才看得見 （20～300 nm）
構造	單細胞生物	不具有細胞構造
特徵	會自行細胞分裂繁殖	無法自行繁殖 （會在其他的活細胞內複製增加）
傳染病的種類	肺炎、肺結核、破傷風、霍亂等	流感、水痘、麻疹、子宮頸癌、新型冠狀病毒感染症等
病原體的種類	肺炎鏈球菌、結核桿菌、破傷風梭菌、霍亂弧菌等	流感病毒、冠狀病毒、諾羅病毒、新型冠狀病毒等

病毒是
如何侵入人體的？

和病毒相關的新聞常看到
「飛沫傳染」、「接觸傳染」等名詞，
這些傳染方式有何不同？

病毒主要透過三種傳染途徑侵入人體

　　病毒會引發各種疾病，並從人或物品等感染源往周圍擴散。病毒侵入人體時經過的路徑稱作傳染途徑，可分為飛沫傳染、接觸傳染、空氣傳染（飛沫核傳染）三大類。基本上病毒都是經由這三種途徑的其中之一進到人體內的。

　　飛沫傳染是已遭感染者的飛沫（噴嚏、咳嗽、口水等）中所含的病毒，被其他人從口、鼻、眼等部位吸入造成的感染。接觸傳染是直接接觸到已遭感染者的皮膚、黏膜，或觸摸遭病毒污染的桌子、門把等形成間接接觸，使得病毒侵入身體。打噴嚏或咳嗽時用手搗住口鼻，病毒會附著在手上，被帶有病毒的手摸過的物品便因此遭到污染。如果有其他人觸摸該物品，手又接觸到自己的口、鼻，就有可能從黏膜感染病毒。空氣傳染是飛沫的水分蒸發後形成的極為細小之飛沫核導致的傳染。飛沫核會在帶有傳染力的狀態下飄浮於空氣中，被吸進身體後造成感染。

　　病原體的傳染途徑隨種類而有所不同，流感病毒及新型冠狀病毒主要為飛沫傳染與接觸傳染，諾羅病毒是藉由接觸傳染侵入人體。麻疹病毒及水痘、帶狀皰疹病毒等則是空氣傳染。

　　免疫機能偏低的人較容易得到各種傳染病，而且感染後重症化的機率更高，因此醫療院所都會嚴加執行感染預防措施。即使是健康的人，也同樣應該預防感染。配戴口罩、洗手、漱口可以預防飛沫傳染，消毒遭病原體污染的物品及使用手套、防護衣等則可以預防接觸傳染。

　　經過以上說明，希望大家能更加用心在日常生活中落實感染預防措施。

病毒的三種主要傳染途徑

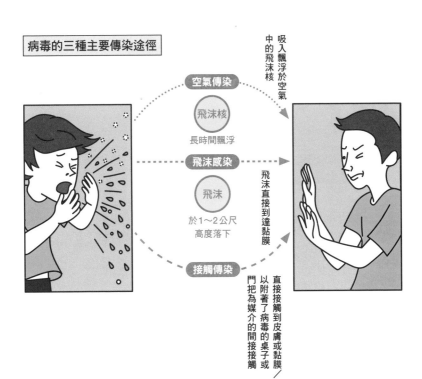

吸入飄浮於空氣中的飛沫核

空氣傳染

飛沫核

長時間飄浮

飛沫感染

飛沫

於1～2公尺高度落下

飛沫直接到達黏膜

接觸傳染

直接接觸到皮膚或黏膜／以附著了病毒的桌子或門把為媒介的間接接觸

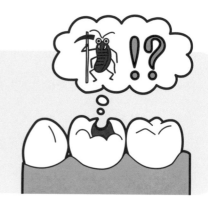

蛀牙的「蛀」是什麼意思？

蛀牙時常讓人疼痛難耐，
但話說回來，
蛀牙的「蛀」真的是指蟲蛀嗎？

以前的人認為蛀牙是有蟲在蛀蝕牙齒

　　蛀牙的年齡層不分大人小孩，是全世界最普遍的一種疾病。遭蛀的牙齒並不會自然痊癒，必須進行填補修復的治療，嚴重的話還有可能得抽神經或拔除整顆牙齒。

　　缺牙不僅帶來進食的不便，也會因不容易發音而造成說話困難，或使人在意自己外觀上的變化等，對於社交生活也產生影響。年長者也可能因為失去多顆牙齒，導致咀嚼、吞嚥等機能下降，無法攝取充足養分。

　　這種可怕的疾病為什麼會被叫作蛀牙呢？這是因為以前的人認為蛀牙是有蟲子將牙齒蛀掉了。在過去的觀念裡，許多疾病都是由蟲子所造成的。

　　但實際上之所以會有蛀牙，原因在於細菌而非蟲子。其中最具代表性的是別名蛀牙菌的轉糖鏈球菌，會在口中製造出酸，漸漸地溶解牙齒。這個過程叫作脫鈣，唾液中所含的鈣質及磷酸會修復（再鈣化）脫鈣的牙齒，

但如果來不及修復，脫鈣的部分便會損壞，形成蛀牙。細菌製造酸所使用的材料，是食物或飲料中所含的糖分，吃太多甜食會容易蛀牙便是這個緣故。

吃飯時一面做別的事、喝太多果汁及含糖咖啡等，會造成口中始終維持在酸性，容易形成蛀牙，必須多加注意。有些人感冒時習慣吃的喉糖其實也是導致蛀牙的原因之一。喉糖雖然有益喉嚨，但對牙齒而言，裡面的糖分沒有多大益處。由於唾液可以中和酸，因此安排好吃東西、喝飲料的時間，便能夠降低蛀牙的風險。蛀牙是牙齒本身的質地、細菌、糖分這三項因素綜合起來所形成的，除此之外，藉由刷牙清除牙齒上的髒污及食物殘渣當然也是預防蛀牙重要的一環。

牙齒遭溶解的時間點

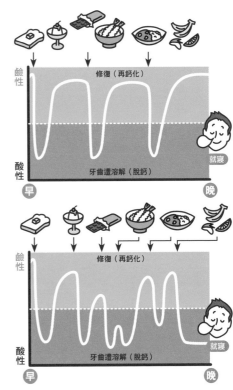

唾液及刷牙能去除糖分及酸，減少酸性的時間

鹼性

修復（再鈣化）

就寢

酸性

牙齒遭溶解（脫鈣）

早　　　　　　　　晚

酸性的時間增加

鹼性

修復（再鈣化）

就寢

酸性

牙齒遭溶解（脫鈣）

早　　　　　　　　晚

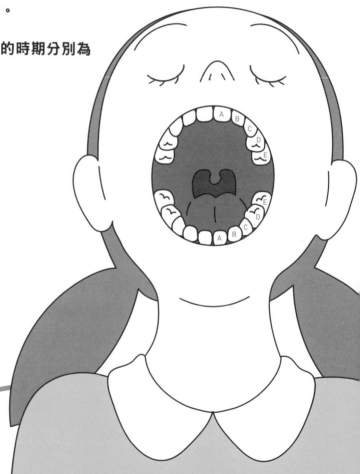

牙齒的壽命
比人的壽命短！

乳齒有20顆，

在6～12歲前後
會換牙成為恆齒。

上顎的乳齒脫落的時期分別為
A 7歲半，
B 8歲，
C 10歲半，
D 10歲半，
E 11歲半。
下顎則是
A 6歲，
B 7歲，
C 9歲半，
D 10歲，
E 11歲。

※ 實際脫落年齡因人而異。

牙齒除了咀嚼食物，還有品嘗味道、説話等不同功用。

隨著年齡愈大，牙齒會愈來愈少。

原因在於牙齒的壽命只有50〜60年左右。

由於牙齒的壽命較人的壽命短，

因此就算悉心保養，還是會逐漸變少。

要享受美食必須有
18顆牙齒才行！

連同智齒在內，

恆齒的數目為

32顆。

當年齡超過75歲，
原本的牙齒大約
只會剩下一半，
僅46％的人
擁有20顆以上牙齒。

至少要有18顆牙齒，
才能夠不依賴假牙
順暢無礙地
品嘗食物的滋味。

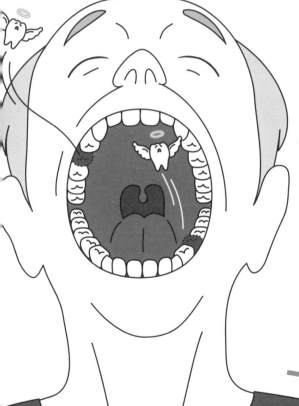

為何會老是頭痛？

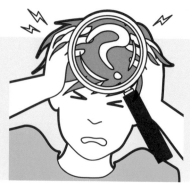

頭痛一旦嚴重起來，會讓人心情低落、提不起勁。
為何有的人動不動就頭痛，
有的人卻沒這個問題？

長年頭痛的元兇是原發性頭痛

　　大概每個人都有過因為感冒、宿醉等小毛病造成頭痛的經驗。這種頭痛相對好得快，但也有些人的頭痛會長時間持續，而且頻繁發作。

　　頭痛的種類可大致分為兩類，分別是因疾病引起的繼發性頭痛，以及非因疾病所引發的原發性頭痛。導致繼發性頭痛的原因五花八門，有時可能是身體潛藏了重大疾病，必須多加注意。蜘蛛網膜下腔出血、腦膜炎、腦瘤等疾病還有危及性命的可能，一定要盡早治療。

　　原發性頭痛則是頭痛本身便是疾病，並不是因其他疾病導致頭痛。長年惱人的頭痛就屬於這一種。

　　原發性頭痛可分為數種，最常見的是偏頭痛、緊張性頭痛、叢發性頭痛。這三種之中又以偏頭痛、緊張性頭痛最多，並有可能同時發生。雖然原發性頭痛不至於需要緊急治療，但有時痛起來也會影響到日常生活。或許有人會覺得「不過是頭痛」，但其實頭痛還是應該接受適當的診斷及治

療，有些醫院甚至開設了頭痛門診。

引起原發性頭痛的因素包括了壓力、疲勞、月經週期等，另外像是氣壓或氣溫的變化，咖啡因、酒精攝取過量或吸菸過量等各種外在因素同樣會導致原發性頭痛。令人意外的是，洗澡、性行為等日常行為也可能對頭痛有影響，引發頭痛或令頭痛惡化的因子可說是無處不在。

常見的健康迷思

認識身體的大小毛病

神奇的人體現象

破解老化之謎

原發性頭痛的種類

偏頭痛	●通常突然發生在左右其中一側 ●與脈搏節奏一致的強烈疼痛 ●常會持續數小時至數日，發生頻率因人而異 ●可能伴隨噁心或嘔吐 ●可能會對光或生因敏感	
緊張性頭痛	●發生於兩側 ●像是頭部受到重壓般疼痛 ●常會漸漸開始疼痛，之後漸漸改善 ●持續數小時至數日 ●通常可以忍耐，但嚴重的話也可能令人臥床不起	
叢發性頭痛	●發生於單側的眼睛周圍或太陽穴一帶 ●劇痛到無法平靜休息 ●幾乎每天短暫發作 ●一年之中會發作 1～2 個月，也有完全不會發作的時期 ●可能會同時流眼淚、鼻水	

【 導致繼發性頭痛的疾病 】

蜘蛛網膜下腔出血	腦瘤	腦膜炎
青光眼	鼻竇炎	睡眠呼吸中止症
憂鬱症	高血壓	腦梗塞、腦出血

等

有方法可以
變得不怕燙嗎？

不敢吃熱騰騰的食物，
鼓起勇氣去吃結果被燙傷……。
到底有沒有方法可以改善怕燙的問題呢？

怕燙的原因出在舌頭的使用方式

　　料理的溫度是一項關係到味覺的重要元素。一般人覺得溫熱的食物比較吃得出甘甜滋味的觀念，也説明了溫度是有可能影響滋味的。每個人對於溫度的偏好各有不同，有的人喜歡熱騰騰的食物，但也有人覺得溫的比較好。姑且不論喜好問題，有些人吃東西就是特別怕燙。由於這種人對熱十分敏感，因此必須等食物或飲料降溫才有辦法入口。

　　不怕燙的人則是能若無其事地吃下熱騰騰的關東煮或拉麵，飲用剛沖好的咖啡。雖説對溫度的反應這種事是因人而異，但怕燙的人和不怕燙的人，差別其實在於舌頭的使用方式。

　　怕燙的人在將熱的食物送進口中時，比較不擅長運用舌頭。舌頭及口腔內有較為耐熱及不耐熱的部分，不耐熱的部分若接觸到了熱的東西，就會敏感地反應出來。至於不怕燙的人則較能自在運用舌頭，用耐熱的部分承接食物或飲料。

　　一般認為，擅長運用舌頭與否和遺傳及體質無關，原因出在孩童時期吃、喝熱食的機會多或少。因此，怕燙是有可能透過訓練加以改善的。

　　順便說明，身體接觸到的食物或物品等若是超過了一定溫度，我們會感覺到痛，這是能夠避免身體燙傷的一種重要機制。

　　怕燙的人吃東西要花比較久的時間，也沒辦法吃剛煮好的食物，有許多不便之處，但如果能設法改變運用舌頭的方式，或許就能解決這個困擾。

降低舌頭對熱的敏感程度

怕燙的人
將食物送入口中時，
會將對熱敏感的舌尖露出來。

不怕燙的人
會將舌尖放在下排牙齒後方，
以避免接觸到熱的東西。

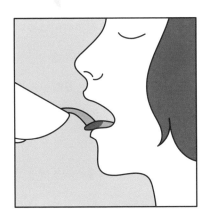

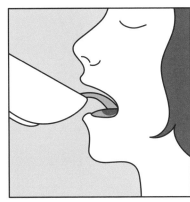

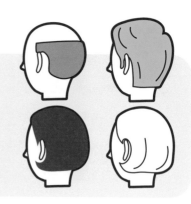

哪些人
容易頭髮稀疏、
長白頭髮？

有些人始終煩惱自己頭髮稀疏；

也有人即使上了年紀，頭髮還是烏黑茂密；

有的人則年紀輕輕就有白頭髮，究竟是為什麼？

遺傳、賀爾蒙、壓力等各種因素都有影響

髮量一旦減少，頭皮也會跟著被看到，這種頭髮稀疏的狀態有數種症狀，原因則各不相同。

男性頭髮稀疏常見的原因為AGA（雄性禿），特徵是自髮根與頭頂等特定部位開始發展。一般認為雄性禿是受到遺傳與男性荷爾蒙的影響，男性荷爾蒙擾亂了生髮的循環，使得頭髮在充分生長前便脫落，導致髮量稀疏。

睪酮是讓身體具有男性特徵的激素，但在 5 α 還原酶這種酵素的作用下，睪酮會變化為二氫睪酮，這是導致雄性禿的主因。二氫睪酮被帶進前額及頭頂生髮所必須的毛乳頭細胞，會妨礙頭髮的生長，而雄性禿患者脫髮處的頭皮便可發現大量的二氫睪酮。

女性頭髮稀疏的原因則多為瀰漫性脫髮，特徵是整體髮量逐漸減少，常因為髮線變明顯而被發現。造成瀰漫性脫髮的因素五花八門，一般認為包

括年齡增長導致的女性荷爾蒙減少、壓力、減肥、頭髮保養方式不當、貧血等。

另外，頭皮的血液循環不良及皮脂分泌異常也會使頭髮變稀疏。由於症狀及原因不一而足，因此有脫髮問題與沒有這項困擾的人之間有何差別，其實無法一概而論。

至於白頭髮則是因製造毛髮顏色的黑色素不足而產生。毛髮原本並沒有顏色，當黑色素不足，毛髮沒有被上色，就會變成白色。製造黑色素的，是位在頭髮生長處附近的黑素細胞。黑素細胞減少或功能下降的話，會製造不出黑色素，因而出現白髮，原因則與遺傳、老化、壓力、營養不足、貧血等有關。

頭髮稀疏及白髮並不是單一因素所導致，遺傳、身體狀況、生活習慣等都會造成影響。

出現白髮的原因

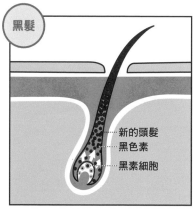

黑髮

新的頭髮
黑色素
黑素細胞

有黑色素
黑素細胞製造出來的黑色素進入到毛髮內部。

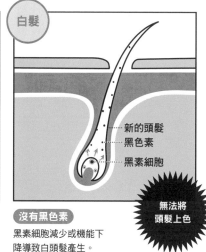

白髮

新的頭髮
黑色素
黑素細胞

沒有黑色素
黑素細胞減少或機能下降導致白頭髮產生。

無法將頭髮上色

頭髮留一輩子的話
可以留到約 10 公尺長！

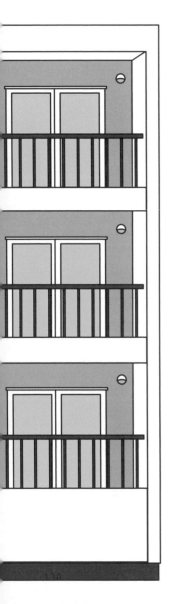

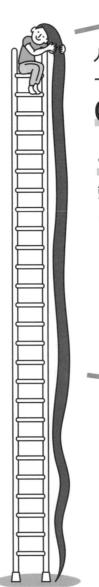

人的頭髮
一天會生長

0.3～0.4mm。

一年則約 12 cm，

頭髮留上一輩子
都沒有脫落或剪掉的話，
留到 80 歲

會有 **9.6 公尺**長。

以高度來看，
相當於 3 層樓高。

頭髮可以保護頭部免受寒、暑、紫外線侵襲。

就算留得再長，大概也很少有人從出生後都完全沒剪過頭髮吧。

金氏世界紀錄所認證頭髮最長的人長度為5.62公尺。

> 順帶一提……
>
> 健康的成人一天會脫落約50～100根頭髮。以一天脫落100根計算的話，一生總共會脫落100根×365天×80年＝292萬根頭髮。

為什麼
腿會突然抽筋？

運動或睡覺睡到一半時，
有時腿會突然抽筋，痛到整個人動彈不得，
為什麼會這樣呢？

抽筋是肌肉收縮異常所導致

　　腿抽筋時不僅會劇烈疼痛，甚至連移動都有困難。這是小腿肚的肌肉，也就是腓腸肌在非出於自身意志的狀態下強烈收縮，並伴隨難以忍受的疼痛所導致。這種狀態在醫學上稱為痛性痙攣，大腿、背部、手臂也會發生，發生在腓腸肌的便是所謂的小腿肚抽筋。

　　腿之所以會抽筋，與肌肉的感應器──腱梭有關。腱梭負責控制肌肉收縮，以避免肌肉或肌腱斷裂。但如果有什麼原因造成腱梭沒有正常運作，肌肉便會異常收縮，導致抽筋。換句話說，是腱梭運作失靈引發小腿肚抽筋的。

　　造成腱梭運作失靈的原因包括了電解質（主要是鉀、鈣、鈉、鎂等礦物質）不足、肌肉疲勞、腿部血液循環不良等，容易發生在運動或睡眠時。跑步、足球、網球等常用到小腿肚的運動，尤其常在運動時抽筋。

　　而腿在睡覺時抽筋的原因，則包括睡眠使得腱梭的作用降低、棉被的重

量將腳尖壓在一直往下扳的狀態、腳部冰冷造成的血液循環不良等。另外，糖尿病或下肢靜脈瘤等疾病也有可能使腿部抽筋。

　　小腿肚突然抽筋時，首先要將膝蓋打直。這樣有助於放鬆緊繃的小腿肌肉、促進血液流動，讓肌肉正常收縮、鬆弛。平日則可以透過補充足夠水分、礦物質，伸展及按摩雙腿、適度運動等做法加以預防。若是頻繁抽筋的話，藥局也有販售預防用的中藥，不妨向藥劑師諮詢。

　　除了平日做好預防措施，最好也能記住抽筋發生時的應急措施。

| 小腿肚抽筋的處理 |

抓住腳尖，將腳尖往身體方向扳，緩緩伸展阿基里斯腱、小腿肚、膝蓋後方。

腳尖抵住毛巾，緩慢拉扯毛巾以伸展膝蓋後方。

用腳底推牆壁，緩緩伸展膝蓋後方。

【會造成腿部抽筋的疾病】

| 腰椎管狹窄症 | 腰椎椎間盤突出 | 閉塞性動脈硬化 |
| 糖尿病 | 下肢靜脈瘤 | 等 |

為何會長青春痘？

青春痘總是不知不覺冒出來，而且很難消。
臉上又沒有什麼地方傷到，
為什麼會長青春痘呢？

阻塞的毛孔是痤瘡桿菌的食物來源

　　青春痘在醫學用語上稱為尋常性痤瘡，據說日本有超過九成的人長過。

　　之所以會長青春痘，是因為毛孔累積了皮脂。毛孔內有製造毛髮的毛囊，分泌皮脂的皮脂腺則緊鄰毛囊，青春痘會發生在皮脂腺發達的皮脂腺毛囊。皮脂腺毛囊的分布在臉最為密集，其次是胸、背部，臉上容易長青春痘便是這個緣故。若皮脂分泌增加，堵塞了毛囊，別名青春痘菌的痤瘡桿菌便會在此繁殖，變成青春痘。男性荷爾蒙會使皮脂腺變大，增加皮脂的分泌，與青春痘有很大的關係。

　　青春痘可依其狀態分為數類，毛孔阻塞住，看起來呈白色的是白頭粉刺；毛孔張開，看起來呈黑色的則是黑頭粉刺。若是發炎則會變成丘疹，發炎嚴重的話皮膚下還可能會有膿皰，或皮膚變硬隆起。

　　在青春期時，男性及女性的男性荷爾蒙都會增加，使得皮脂分泌旺盛。青春期的青春痘大概會在小學高年級到國中一年級左右開始出現，最嚴重

的時期為高中前後，之後漸漸好轉。成年之後長的青春痘叫作成年痤瘡，名稱雖然不同，但發生的原因是一樣的。

　　許多人可能覺得只要放著不管，青春痘自己就會好。然而一旦發炎了，到消失無蹤為止得耗費數個月，發炎嚴重的話還可能留下不會消除的痘疤。其實，青春痘並不是單純的「皮膚不好」，而是不折不扣的疾病，可以前往皮膚科就醫接受治療。皮膚科醫生會開立口服藥或外用藥等，直接針對青春痘進行處置。市面上有各式各樣治療青春痘的成藥及洗面乳等，藥妝店或網路上就買得到，但自行處理可能會造成青春痘惡化，因此還是建議就醫。

　　平時的皮膚護理措施則包括了不要擠壓或碰觸青春痘、每天使用洗面乳溫和洗臉２次、避免頭髮接觸到青春痘等。

預防青春痘

使用洗面乳洗臉

用洗面乳溫和地洗臉，以洗去多餘皮脂及髒污。

於皮膚科就醫

發炎的青春痘可能會留下痘疤，基本上就醫比隨意自行處理來得好。

避免頭髮接觸到青春痘

髮尾的刺激或頭髮上附著的細菌、髒污可能會導致青春痘產生。建議將瀏海撩起用髮夾固定，或將頭髮綁起來。

人為什麼會打嗝？

一旦打起嗝來，往往只能等它自己停止。
甚至有種說法是「連打100個嗝的話就會死」。
打嗝到底是怎麼產生的？

打嗝是橫膈膜痙攣造成的

打嗝是橫膈膜與名為肋間肌的肌肉痙攣所引起的現象，醫學上稱為呃逆。當橫膈膜與肋間肌急速收縮，空氣會因胸腔脹大而被吸入肺部。與此同時，喉嚨的聲門則會閉合，由於空氣通過其縫隙，因此發出「呃」的聲音。

一般認為，位於腦部的延腦發出指令，對橫膈膜及呼吸相關的神經造成的刺激是引發打嗝的誘因。

以下這些刺激都會引發打嗝。

● 吃東西太快、喝碳酸飲料

● 吃刨冰等冰冷的食物

● 以冷水淋浴

● 抽菸、喝酒

● 心理壓力

雖然民間流傳著各式各樣止住打嗝的療法，但效果都是因人而異，醫學上並沒有一種明確的止嗝方法。憋氣或是喝冰水等算是對身體負擔較小的方法，但有些方法其實不應該嘗試。例如，用紙袋罩住嘴巴呼吸，試圖藉由提升體內二氧化碳濃度以止住打嗝的話，有可能造成窒息，非常危險。

打嗝大多是暫時性的，基本上都會慢慢停下來，但如果持續過久，則有可能是疾病，應該去醫院接受治療。「連打 100 個嗝的話就會死」雖然是毫無根據的迷信，不過打嗝有時或許是來自身體的訊息，讓我們知道有疾病潛藏在體內。

止住打嗝的方法

憋氣

製造驚嚇

咬檸檬

抓住舌頭拉扯

一口氣喝下冰水

用水漱口

從杯子的另一側喝水

用棉花棒等
刺激喉嚨深處

吞下盛在湯匙上的砂糖

為什麼有人
吃很辣也沒事？

有些喜歡吃辣的人
吃東西時總是要加大量辣椒，
這種人的舌頭構造有什麼特別之處嗎？

舌頭的構造都一樣，但感受方式不同

　　我們的味覺是透過位在味蕾的味覺細胞捕捉到鹹、甜、酸、苦、鮮等滋味，在腦內辨識出來的。辣這種感覺有別於味覺，其實不是一種味道，而比較像是疼痛。

　　讓人感覺到辣味的辣椒，含有一種叫作辣椒素的成分。辣椒素進入到口中會刺激神經傳達疼痛，產生「辣」的感覺。辣椒素的刺激不只是痛，也會帶來熱，所以給人刺刺麻麻的感覺。

　　有些人之所以喜歡帶來痛和熱的辣椒素，原因與腦內分泌的 β - 腦內啡有關。β - 腦內啡是會讓人感覺愉悅，具有依賴性的物質，其作用會減少辛辣的感覺，營造出美味、幸福的情感。據說這就是辣椒的辛辣使人上癮的原因。

　　一個人能吃多辣，與其過去所吃的食物及飲食習慣有關。另外，反覆受到辣椒素的刺激，會麻痺感覺神經，不容易感覺到辣及疼痛。換句話說，

有辦法吃很辣的人，並非舌頭的結構異於常人，而是有可能因為 β - 腦內啡的作用而對吃辣上癮，或是感覺神經已經麻痺。

　　吃辣時臉及鼻子會流汗，是因為辣椒素刺激交感神經，促進了血液循環。少量的辣椒素能夠刺激消化道、增進食慾，但過量的話則會導致腸胃等器官不適或咳嗽，造成身體的負擔。

　　就算是很能吃辣的人，吃辛辣食物時或許也還是適量比較好。

痛及熱形成了辣

甜、鹹等味道是由舌頭的味蕾捕捉。
辣椒素帶來的痛與熱則是由受器負責接收。

受器會將痛、熱的訊息傳達給腦部。

壓力對身體
會有哪些不好的影響？

日常生活總是無可避免會面對壓力。
我們常聽到「壓力對身體不好」的說法，
但實際上到底有多嚴重呢？

巨大的壓力會引發各種身體疾病！

「壓力（Stress）」這個詞其實是從物理學的用語而來，原本的意思是物質因外力而產生的「應變」。醫學上將造成身體及心理出現反應的刺激稱為壓力源（Stressor），一般所說的「壓力」大多是上述兩種用法的其中之一。

引發壓力的原因可分為氣溫、噪音、受傷、疾病等身體因素，以及人際關係、工作上的困擾等精神因素兩大類。雖然動物也會有壓力，但一般認為人類的精神壓力特別大。適度的壓力能夠活化腦部的運作，但若反覆承受高度壓力，無法妥善因應的話，可能會導致消化性潰瘍、高血壓、憂鬱症、失眠等疾病產生。

目前有各式各樣的壓力檢測工具，可以用來了解壓力等級。

讓自己休息放鬆、找身邊的人商量，或許有助於化解壓力。由於壓力有可能在不知不覺間引發疾病，因此尋求專業人士協助也同樣重要。

職業性壓力簡易調查表（節錄）

※本表格之目的為簡易判斷在職場上承受的壓力多寡。
※本表格並非用於疾病診斷。

A　以下關於工作的描述，請圈選最符合之選項。

	同意	大致同意	稍微不同意	不同意
❶ 必須處理非常多工作	1	2	3	4
❷ 無法在上班時間內將工作處理完	1	2	3	4
❸ 必須全力以赴工作	1	2	3	4
❹ 需要相當程度的專注力	1	2	3	4
❺ 從事的是需要高度知識或技術的困難工作	1	2	3	4
❻ 上班時間必須一直專注於工作的事情，不能分神	1	2	3	4
❼ 從事的是需要大量體力的工作	1	2	3	4
等				

B　以下是關於最近這一個月你個人狀態的描述，請圈選最符合之選項。

	幾乎不會	偶爾會	時常如此	幾乎一直如此
❶ 幹勁源源不絕	1	2	3	4
❷ 充滿活力	1	2	3	4
❸ 朝氣蓬勃	1	2	3	4
❹ 感到生氣	1	2	3	4
❺ 心情煩悶	1	2	3	4
❻ 焦躁不耐	1	2	3	4
❼ 疲憊不已	1	2	3	4
❽ 筋疲力盡	1	2	3	4
❾ 倦怠	1	2	3	4
❿ 心情緊繃	1	2	3	4
⓫ 不安	1	2	3	4
⓬ 難以冷靜	1	2	3	4
⓭ 憂鬱	1	2	3	4
等				

C　以下是關於你與身邊其他人的相處情形，請圈選最符合之選項。

你與下列對象說話時能放鬆到何種程度？

	非常	相當程度	稍微	完全無法
❶ 上司	1	2	3	4
❷ 職場同事	1	2	3	4
❸ 配偶、家人、朋友等	1	2	3	4

當你有煩惱時，下列對象能提供多大依靠？

	非常	相當程度	稍微	完全無法
❹ 上司	1	2	3	4
❺ 職場同事	1	2	3	4
❻ 配偶、家人、朋友等	1	2	3	4

當你想找人商量私人問題時，下列對象有多願意幫忙？

	非常	相當程度	稍微	完全無法
❼ 上司	1	2	3	4
❽ 職場同事	1	2	3	4
❾ 配偶、家人、朋友等	1	2	3	4

D　滿意度

	滿意	大致滿意	稍微不滿意	不滿意
❶ 對工作滿意	1	2	3	4
❷ 對家庭生活滿意	1	2	3	4

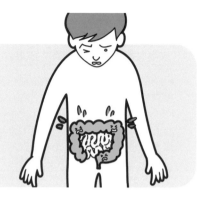

認識潰瘍性大腸炎

新聞或健康節目上
有時會提到「潰瘍性大腸炎」，
這是個什麼樣的疾病？

潰瘍性大腸炎患者有增加的趨勢

潰瘍性大腸炎是大腸黏膜發炎，發生糜爛或潰瘍的疾病。症狀包括腹痛、腹瀉、混合了黏液與血的黏血便等，重症時還有可能出現糞便中的血量增加、黏血便的次數變多、發燒、貧血等狀況。

研究指出，遺傳、環境、心理壓力等因素都會導致潰瘍性大腸炎，但確切關係尚未釐清。潰瘍性大腸炎需要長期治療，且難以根治，被日本政府列為難治疾病。這種疾病在1970年代還相當罕見，但在此之後患者人數便有增加的趨勢，根據厚生勞動省研究團隊2016年的報告，潰瘍性大腸炎的患者人數約為22萬人。患者的男女比例相當，而且年齡分布遍及年輕到高齡族群，男性的發病年齡高峰為20～24歲，，女性為25～29歲。

潰瘍性大腸炎的病程有一項特徵，是症狀得到緩解與病情復發的狀態容易反覆發生。為了維持緩解，基本上會以藥物進行治療，但藥物若未見效而出現大量出血或腸穿孔等重大併發症的話，也有可能需要進行手術。

若要防止潰瘍性大腸炎惡化，重點在於休息及不要累積壓力。症狀若得到緩解，飲食及運動方面並無特別限制，但要避免刺激性強的香辛料及暴飲暴食。

潰瘍性大腸炎目前雖然沒有能完全治癒的療法，但仍有患者透過規律作息與藥物維持緩解狀態，擁有與發病前相同的生活。

潰瘍性大腸炎的擴散

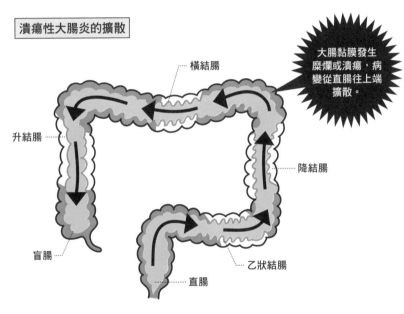

大腸黏膜發生糜爛或潰瘍，病變從直腸往上端擴散。

橫結腸

升結腸

降結腸

盲腸

乙狀結腸

直腸

大腸從直腸端開始發炎，
連續性地往上端擴散。

① 直腸炎型 ➡ ② 左側大腸炎型 ➡ ③ 全大腸炎型

【 症 狀 】

| 腹瀉 | 血便 | 腹痛 |

等反覆發生

神奇的人體現象

酒量好的人
和酒量差的人
有哪裡不同？

有的人稍微喝一點酒就會醉，
但也有人不管喝多少都不會醉。
酒量的好壞真的是天生的嗎？

酒量取決於分解酒精的酵素作用

　　喝酒會醉是因為攝取酒精使得腦部進入了類似麻痺的狀態。喝醉會使人的判斷力及注意力下降，並變得固執或心情愉悅。喝到爛醉時，甚至有人會失去記憶。

　　酒精進入身體後會被胃及小腸吸收，溶於血液運送至肝臟。大部分的酒精會被肝臟分解，轉變為一種名為乙醛的物質。乙醛是會使臉變紅、令人感到噁心想吐或心悸、引發頭痛的有害物質。

　　乙醛可透過乙醛去氫酶（ALDH1與ALDH2）轉變為無毒的物質，最終分解為水與碳酸氣體排出體外。ALDH1是緩慢進行分解，作用稍弱的酵素；主要分解乙醛的是作用強大的ALDH2。若**ALDH2未順利運作，乙醛便會累積在血液中，導致喝醉不適**。ALDH2的基因有乙醛分解能力高的N型，與分解能力較低的D型兩種。由於會從父母各得到其中一種，因此ALDH2的基因型可分為NN型、ND型、DD型三種。

ALDH2正常運作的NN型，便是所謂的酒量好的人。ND型的作用約只有NN型的十六分之一，但還是能喝一定程度的酒。DD型則喪失了ALDH2的作用，因此幾乎無法喝酒。換句話說，酒量的好壞是天生的。

歐美人酒量較好，是因為絕大多數的人擁有NN型的基因。而東亞則是ALDH2作用較弱的人居多，一般認為日本人大約有4成是ND型或DD型。

酒量不好的人經過練習，還是有可能讓酒量變好。原因在於分解乙醛的ALDH2以外的其他酵素作用變強了，或是腦的神經細胞的變化使人較不容易感受到酒精。不過，酒精終究會造成身體的負擔，飲酒過量有可能引發急性酒精中毒或肝硬化等各種疾病。最重要的還是了解自己的酒量極限，適量品嚐就好。

ALDH2的三種基因型

NN型
日本人中約56％

分解乙醛的速度快，酒量好，喝了酒也不會臉紅。

ND型
日本人中約40％

分解乙醛的速度慢，酒量不好，喝了酒容易臉紅。

DD型
日本人中約4％

完全無法承受酒精，不會喝酒，喝了馬上會臉紅。

運動神經會遺傳嗎？

我們有時會說某某人「運動神經天生就很好」，
但所謂的運動神經到底是什麼？
運動神經是會遺傳的嗎？

運動神經是否會遺傳仍未有確切答案

「運動神經很好」這樣的說法嚴格來說其實不正確。所謂的運動神經，
是指將腦部發出的指令傳達至肌肉的神經迴路，不適合用好、壞來形容。
一般所說的「運動神經很好」指的並不是運動神經原本的定義，而是「在
運動上表現出色」、「運動能力傑出」之類的意思。

擁有良好運動神經的關鍵，究竟是遺傳，或是飲食、訓練等環境因素，
目前尚未研究出具體答案。

科學界曾基於運動與遺傳有關的假設進行各種研究，但難以找出與人類
運動能力有關的基因，目前幾乎無法過濾出特定對象。不過，其實這也無
法斷定運動和遺傳無關。一般認為肌肉及骨骼等會受到遺傳影響，也有研
究發現了影響身高及體重的基因。身體組成不一樣的話，可能多少會影響
運動上的表現。

另一方面，也有說法認為，幼兒期的運動經驗將奠定運動能力的基礎，

重要性不可忽視。相信每個以當上運動員為目標的人，應該都歷經了無數艱辛的練習。

近來則有企業提供基因檢測服務，利用簡易的檢查工具調查遺傳訊息，判定受測者是否擅長運動及適合的運動項目等。只靠基因檢測未必真的能找出適合自己的運動，但對於迷惘自己該從事何種運動的人而言，或許可以做為參考。

肌肉接收腦部發出的指令做出動作

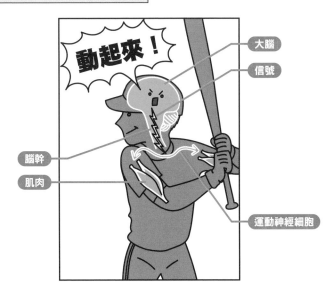

腦部發出的「動起來！」的信號
會透過運動神經細胞傳達，驅動肌肉。

為什麼「打呵欠」會傳染？

當某個人打了呵欠後，
往往引發連鎖反應，讓其他人也跟著打起呵欠。
為什麼會有這種現象呢？

打呵欠的原因有兩種

打呵欠是一種張開嘴深呼吸的動作。這種動作是不受自身意志控制，突然發生的，還會伴隨想伸懶腰、流眼淚等呼吸以外的動作。電視劇或漫畫也經常用打呵欠來表現想睡覺、感覺無聊等狀況。人之所以會打呵欠的原因，有以下幾種說法。

● 張大嘴巴使腦袋清醒

● 將睡意或疲勞的訊號傳達給腦部

● 補充不足的氧氣

不過目前對此並沒有更深入的了解。

打呵欠時會將嘴張大，看起來好像做了深呼吸一樣，但據說氧氣的吸入量其實沒有增加。如此一來，補充不足的氧氣這種說法似乎也不成立。由於打呵欠的原因依然成謎，因此關於打呵欠究竟會不會傳染同樣存在各種解釋，而且沒有明確結論。

有一種說法是這與人類的進化過程有關，原因可以追溯到人類群聚過集體生活的時代。據說打呵欠是為了將自己的疲勞傳達給其他人知道，這樣有助於將所有人的睡眠模式調整為一致。

另一種說法則認為打呵欠會透過與他人同感而傳染。人是一種會與他人產生同感的生物，打呵欠便是表達同感或興趣的方式之一。某項研究顯示，打呵欠最容易在夫妻或家人間傳染。也就是說，愈是親近的人，愈容易產生同感。

避免打呵欠的預防方式包括了擁有充足睡眠、不要在生活中累積疲勞等，但這些方法能有多大效果則沒有定論。

日常生活中若是呵欠連連，容易給人「想睡覺」、「感覺無趣」的負面印象，在他人面前似乎還是設法忍耐下來比較好。

呵欠會連鎖傳播

古代人以呵欠向其他人發出疲勞的信號。

藉由呵欠向他人表達同感。

大胃王的胃
有何過人之處？

眼前就算有好幾公斤食物，
大胃王也能若無其事地一掃而空。
他們的胃真的怎麼塞都不會滿嗎？

大胃王的胃容量可達5公升

　　人類的胃就像一個由肌肉與黏膜構成的大袋子。胃具有一面伸縮的同時，一面翻攪食物的功能，裝進食物之後，會像氣球般膨脹起來。

　　空腹時胃會縮小，容量大約只有50毫升，但一餐飯可以輕鬆裝入約1公升的食物。成年人的胃最大容量約為4公升，據說電視上看到的大胃王胃部則有5公升的容量。就算不是大胃王，如果一直持續在吃太多的狀態，胃也會被撐大，因此胃的容量是可以透過訓練變大到一定程度的。

　　那麼，所有大胃王都是經由訓練才變得那麼能吃的嗎？曾有電視節目以驗血、X光等方式分析大胃王的身體，發現與一般人相比，大胃王的血糖值變化及排便次數、飯後的胃部大小都不一樣。若要做更詳盡的分析，必須進行大規模研究，光憑節目中的檢查難以佐證。不過，大胃王的確有可能體質原本就異於常人。

　　順帶一提，有說法認為吃得快的話，就能在飽食中樞受到刺激，發出吃

不下的信號前吃下大量食物。這樣看來，大胃王習慣狼吞虎嚥掃光食物，也可能是因為想在飽食中樞反應前盡可能吃更多食物。

　吃下大量食物看起來或許很過癮，但基本上暴飲暴食是有害健康的。如果不是把大胃王當職業的話，凡事似乎還是適可而止比較好。

胃的大小

空腹時胃會縮小，容量大約只有50毫升。
吃飽時胃則會脹大，
即使只是一般人，最大容量也有4公升之多。

為什麼有「另一個胃」可以裝甜點？

明明覺得已經飽到吃不下了，
但看到甜點又會忍不住送進嘴裡。
真的有「甜點是裝在另一個胃」這種事嗎？

看到了好吃的東西胃就會騰出空間

　　為了避免體重出現極端變化，我們的身體會在無意識間調整「進食」這項行為。與這種機制有關的，是位於下視丘的攝食中樞與飽食中樞。

　　引起食慾的是攝食中樞，抑制食慾的則是飽食中樞，這兩者會感知血糖值及血液中的激素濃度等身體發生的變化，控制進食行為。

　　例如，攝食中樞會在吃飯前活躍運作，當血糖值因進食而上升時，便會交由飽食中樞接手，讓人結束進食。隨著肚子愈來愈飽，我們也會逐漸停下進食的動作便是這個緣故。控制我們的「進食」行為的，並不是肚子，而是腦部的運作。不想浪費食物，於是將東西吃光；或是為了美容瘦身，強忍著吃東西的慾望，同樣與腦部的運作有關。

　　之所以已經飽了卻還吃得下甜點，也是因為腦部的運作。控制飽足感的是腦部，而非肚子，因此就算覺得吃飽了，其實胃也還有空間。看到了好吃的東西，下視丘便會分泌促進攝食行為的食慾素。由於食慾素會活化

胃的運作，將食物送往小腸，因此胃便騰出了空間。除了食慾素以外，腦部還會分泌帶來愉悅、別名腦內嗎啡的 β - 腦內啡，以及引起食慾的多巴胺。透過這些物質的作用，攝食中樞會取代飽食中樞的運作，讓人在吃飽的狀態下還能再吃東西。另外，除了甜食以外，其實鹹或酸的食物似乎也有使胃部騰出空間的效果。

　　想防止自己吃太多的話，盡量不要去看飯後甜點以避免上述的機制運作，或許會有幫助。

即使吃飽了…

血糖值上升、
胃部脹大等刺激
會使位於下視丘的飽食中樞運作。

若看到了美食，
下視丘會分泌食慾素，
使胃騰出空間。

飽了

唾液真的會
引發肺炎嗎？

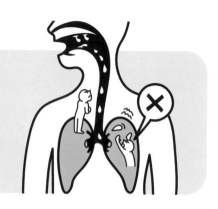

有些媒體報導提到
唾液會引發肺炎，
這到底是怎麼一回事呢？

唾液與細菌進入肺部會引發吸入性肺炎

　　進入口中的食物及水分會藉由吞嚥送往食道。若吞嚥出現問題，導致應該進入食道的異物進入了氣管，則稱為誤嚥。通常就算發生誤嚥，我們也會反射性地嗆到，藉此將異物從氣管推擠出來。但異物進入氣管後也有可能引起發炎，進而演變成肺炎。這種因誤嚥引發的肺炎叫作吸入性肺炎，除了咳嗽、痰、發燒、倦怠、呼吸困難等一般的肺炎症狀外，也會出現沒有精神或食慾不振、喉嚨有異物感等症狀。吸入性肺炎基本上會使用抗生素進行藥物治療，狀況嚴重的話則必須住院。

　　日本每年約有4萬人因吸入性肺炎去世（2019年人口動態統計月報年總數（概數）之概況），且高齡者罹患的肺炎有7成以上是吸入性肺炎，可說相當普遍。

　　吸入性肺炎的可怕之處在於，即使沒有吃、喝東西，光是唾液也有可能引起。

　　人一天會分泌約1.5公升唾液，維持口中濕潤。唾液累積在喉嚨，會反射性地咳嗽或吞嚥，將唾液排出或吞下，防止誤嚥。但咳嗽的反射及吞嚥若因老化或疾病而退化，累積在喉嚨的唾液便容易流入氣管，口中的細菌連同唾液在不知不覺間流入氣管，有可能會引發肺炎。即使發生誤嚥也不會咳嗽，或者咳嗽的時機來得很慢的狀態稱為隱性誤嚥，為吸入性肺炎的原因之一。就算吃、喝東西時沒有咳嗽或嗆到，也不能因此輕忽。

　　一般認為，睡覺時吞嚥唾液的次數會變少，所以較容易發生隱性誤嚥。睡覺時除了唾液以外，胃部的食物也有可能逆流進入氣管，引發吸入性肺炎。

　　吸入性肺炎經常反覆發病，預防是非常重要的一環。由於誤嚥難以完全治療，因此重點在於盡可能減少進入氣管的細菌，也就是刷牙及清潔假牙等，透過維持口腔衛生做好預防工作。

吸入性肺炎的成因

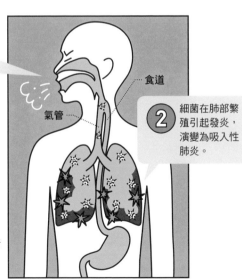

① 口腔內的細菌或食物殘渣、胃液等沒有進入食道，而是進到了氣管（誤嚥）。

食道

氣管

② 細菌在肺部繁殖引起發炎，演變為吸入性肺炎。

體力及抵抗力較差的年長者有可能重症化。

人一生中
分泌的唾液
約有220個大鐵桶之多！

唾液具有軟化食物以便吞嚥、
幫助消化、維持口腔清潔等
有益身體的作用。
雖然肉眼難以辨識，但其實人一天會分泌1.5公升的唾液。

若以一輩子活了80年來計算，

1.5公升 × 365日 × 80年

＝4萬3800公升。

全部裝進200公升的大鐵桶的話，

大約可以裝220桶

（正確來說是219桶）。

乳酸菌飲料的菌
不會帶給身體
不好的影響嗎？

我們時常聽到的乳酸菌
是能夠提升免疫力、有益身體的好菌。
不過乳酸菌究竟是什麼呢？

乳酸菌是能改善腸道環境的一種好菌

　　優格等食物中所含的乳酸菌，其實不是某種特定的菌。會使用糖製造出乳酸的細菌通稱為乳酸菌，據說是法國的微生物學家巴斯德發現的。

　　乳酸菌主要棲息於小腸，會製造出乳酸調理腸道菌叢、抑制害菌增生。而比菲德氏菌則多棲息在大腸，會製造出乳酸及醋酸，抑制害菌增生。

　　乳酸菌種類繁多，各自有不同名稱。市面上看到的乳酸菌○○株之類的名稱，是食品製造商自己取的，其實另有正式的學名。

　　發酵後的牛奶等原料中加入香料、甜味劑製成的乳酸菌飲料，必須遵守厚生勞動省制定的成分規格。另外，優格、起司等乳製品，韓式泡菜、醃漬物、納豆、味噌等發酵食品也含有乳酸菌。這些發酵食品中的乳酸菌能帶出鮮味及香氣成分，一部分乳酸菌還具有抑制細菌孳生的作用。

　　益生菌及益菌生和乳酸菌一樣有益人體健康，因此近年來也備受關注。益生菌的作用類似乳酸菌及比菲德氏菌，是一種能夠調理腸道環境的微生

物。而益菌生則是能提供養分給好菌、抑制害菌增生的成分，最具代表性的是寡糖及食物纖維。

每一種乳酸菌各有不同功效，在選購含有乳酸菌的商品時，最重要的是搞清楚自己「期望得到何種效果」。有的人可能希望乳酸菌能幫助整腸，有的人則希望讓免疫系統穩定運作，建議大家考量自身需求，挑選適合的商品。

乳酸菌飲料及優格包裝上所記載的「特定保健用食品」及「機能性表示食品」等標示，代表了該產品的科學性根據，可做為了解其功效的參考。大家不妨試著藉由乳酸菌改善自己的腸道環境。

常見的健康迷思

認識身體的大小毛病

神奇的人體現象

破解老化之謎

能改善腸道環境的食材

益生菌食材

將好菌送往腸道，並抑制害菌活動。味噌、納豆、起司等發酵食品中都含有益生菌。

益菌生食材

能使好菌繁殖、活化，有助調理腸道環境。番薯、牛蒡等根莖類蔬菜、菇類等都屬於這類食材。

161

如何緩和緊張造成的心跳加速？

考試或參加面試前、和心儀對象相處等場合，
不僅使人緊張，心還會跳得特別快。
該怎麼做才能改善這種心跳加速的狀況呢？

心跳加速是交感神經造成的

相信每個人都有因為擔心、在意某件事而感到緊張的經驗。人在緊張時會覺得心臟跳得特別厲害，原因與交感神經的運作有關。

感覺得到自己的心臟跳動，並因此不舒服的狀況叫作心悸。引發心悸的原因包括了不安、恐懼、緊張等強烈的情緒。當身體感到緊張時，這種緊張會化作壓力使交感神經活躍運作，導致脈搏數及血壓上升。心臟賣力運作時的搏動，會讓人感覺心跳得特別快、特別明顯。

當交感神經因緊張而活躍運作，也可能造成呼吸變淺、喘不過氣。這些都是人體的正常反應，只要緊張的來源不存在了，症狀也會自然消失。但如果明明沒有感到緊張，卻頻繁出現心跳加速、呼吸困難、頭暈、身體搖晃等狀況的話，則有可能是身體另有疾病，必須多加注意。

若想緩和緊張造成的心悸或呼吸困難，試著降低交感神經的運作，活化副交感神經會有幫助。只要作用與交感神經相反的副交感神經居於主導地

位，身體就會放鬆，並有效緩和緊張。許多方法都能提升副交感神經的運作，最為立即的則是腹式呼吸。若感覺到心跳加速或是呼吸困難，不妨提醒自己運用肚子做深呼吸，這樣應該有助於放鬆，讓緊張在不知不覺間消失無蹤。另外，平時盡量維持生活作息規律，自律神經的運作就不會輕易被打亂。

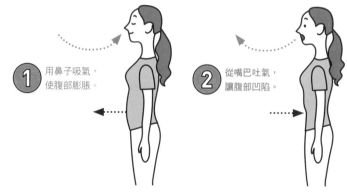

用呼吸讓心跳恢復平靜

① 用鼻子吸氣，使腹部膨脹。

② 從嘴巴吐氣，讓腹部凹陷。

運用腹部持續進行腹式呼吸
能提升副交感神經的運作。

【造成心悸的原因】

抽菸	喝酒	心律不整
發燒	脫水	貧血
恐慌症	更年期障礙	等

為什麼吃飽後
馬上運動會肚子痛？

吃飽飯後沒有休息就馬上跑去運動，
很容易肚子痛。
這是不是和消化有關呢？

消化所需的血液被肌肉拿走了

我們的身體是藉著消化道的運作消化、吸收食物的。進到口中的食物會經過食道，從胃運往小腸、大腸，然後變為糞便排出體外。

吃飽後馬上運動會肚子痛，是否與消化吸收的過程有關呢？其實兩者間的關係，目前還沒有研究出明確的答案。

目前最普遍的見解，是脾臟收縮造成的疼痛。脾臟具有儲存血液的功能，由於吃飽後消化道需要血液，脾臟便會收縮送出血液。但全身的肌肉在運動時也需要血液，於是脾臟又進一步收縮，造成了左側腹疼痛。

另一種說法則認為是送往消化道的血液減少，形成了氧氣不足。消化道在飯後會集中大量血液進行工作，但運動卻造成了血液被全身的肌肉帶走。

其他見解還包括了吃飽後膨脹的胃因運動而遭搖晃、拉扯，所以產生疼痛；奔跑使得大腸內的氣體集中於大腸上方，刺激到周圍的神經而產生疼

痛等。

但無論如何，會感到疼痛便代表身體正在發出訊息。就算是為了訓練而運動，如果肚子痛的話，或許還是避免在飯後劇烈運動比較好。

另外也有看法認為，飯後緩步行走或是做些簡單的家事，對身體是有好處的。

要注意的是，不論有沒有運動，某些疾病會都在飯後引發腹痛。若伴隨疼痛頻繁發生、肩膀或背部疼痛、發燒、噁心反胃或嘔吐等其他症狀的話，建議及早就醫。

導致肚子痛的原因

血液沒有集中於消化道，流往了全身的肌肉。

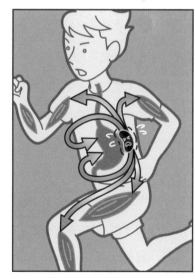

運動時脾臟為了將血液送往全身而用力收縮。

【 會引起飯後腹痛的疾病 】

胃潰瘍	膽結石	急性膽囊炎

慢性胰臟炎 等

為什麼
大便是咖啡色的，
尿尿是黃色的？

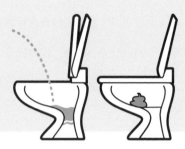

我們每天都會排便、尿尿，
但為什麼無論吃了或喝了什麼，
大便和尿尿的顏色都差不多是那樣呢？

糞便和尿液的顏色與血液的成分有關

　　糞便與尿液的顏色其實是由血液的成分而來。血液看起來是紅色的，是因為紅血球中含有一種叫作血紅素的色素，糞便及尿液的顏色也與血紅素有關。老化的紅血球壽命告終時，會在脾臟及肝臟等處遭分解，於是紅血球內的血紅素便會代謝至體內，大部分與糞便及尿液混合，一同排泄。

　　在代謝的過程中，糞便會受一種名為糞膽素的物質影響變為咖啡色，而尿液則是因尿膽素變為黃色。

　　但實際上糞便及尿液並不會始終維持相同顏色，飲食、身體狀況、藥物的影響等都有可能改變糞便及尿液的顏色。如果肉吃得太多，糞便會呈現深咖啡～偏黑色，人在脫水時尿液的顏色也會變深。

　　因此，糞便與尿液的顏色是了解身體狀況的一項參考指標。尤其當糞便與尿液偏紅時必須多加注意。這種情況雖然有可能是飲食或藥物所造成，但也或許是體內的某處正在出血。千萬不要以為只是疲勞或壓力而輕忽，

應該盡早前往醫院就醫。

　除了紅色以外的其他顏色也有可能是生病的徵兆，因此如果發現糞便、尿液的顏色與平時不同的話，要多加注意。察覺任何有別於平時的異狀，是早期發現疾病的第一步。上完廁所後，最好仔細確認一下尿液、糞便的狀態。如果馬桶有起身就自動沖水的功能，那便得培養出能一眼分辨自己排泄物的能力。希望大家不要覺得糞便及尿液「不過就是排泄物」，而應該將其視為幫助我們了解自己身體的健康夥伴，好好攜手度過每一天。

透過糞便了解身體狀況　◎○算是健康的糞便。

硬			
	乾硬小顆的糞便		質地硬，而且是一粒一粒的
	偏硬的糞便		硬塊黏在一起形成的糞便
○	稍硬的糞便		外觀呈香蕉狀，表面有裂痕，質地稍硬
◎	普通的糞便		可順暢排出的香蕉狀軟便
○	稍軟的糞便		雖然成形，但質地稍軟
	泥狀便		如泥巴般軟綿綿不成形的糞便
	水便		沒有固形物，像水一樣稀
軟			

人一生的糞便總重量
相當於一頭非洲象！

人每天的排便量平均為60～180克。
如果以每天排便都是180克來計算的話，
1年就有6萬5700克
＝65.7公斤的糞便！
大約是一個成年男性的體重。

1 day　　　　　　　**365 days**

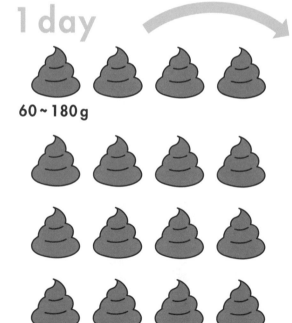

60～180g

65.7 kg

我們每天的排尿量約為800～1500毫升。若以每天排尿1500毫升來計算，80年下來總共是4萬3800公升，和P158計算出來的唾液量相同。

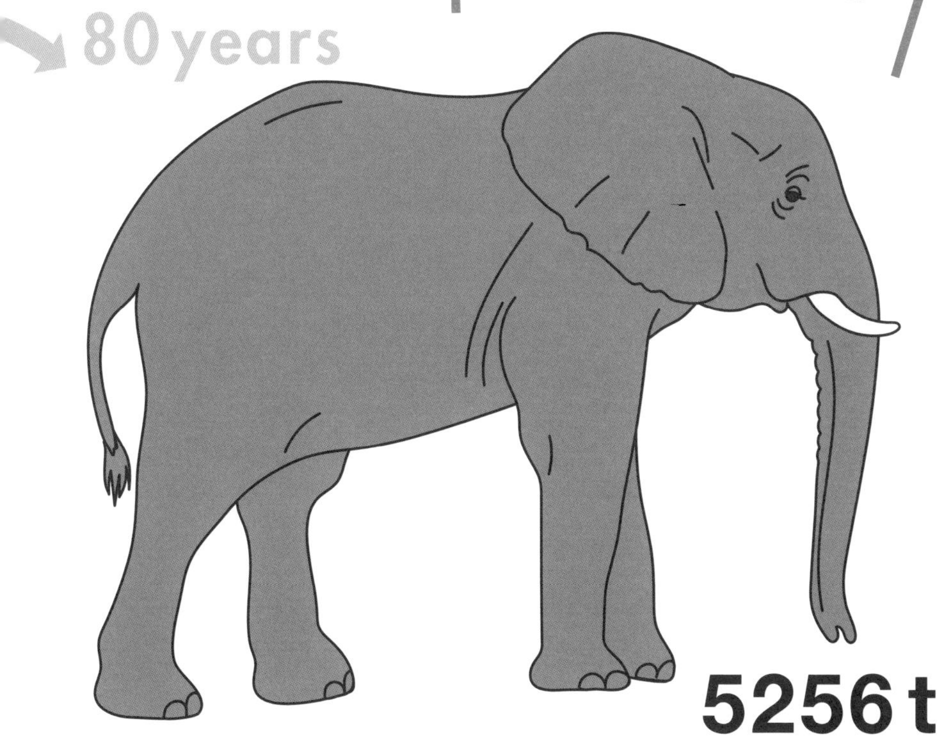

糞便與尿液有助於維持體內清潔，也是觀察健康狀態的指標，扮演了舉足輕重的角色。我們平時都是將馬桶裡的大便直接沖掉，但日積月累下來其實是相當驚人的量……

如果到80歲為止
每天都有排便的話，
180g × 365日 × 80年
= 525萬6000克
= 5256噸。
幾乎和一頭公的非洲象一樣重。

80 years

5256 t

「體感溫度」
是什麼？
和氣溫有何不同？

氣象預報常提到「體感溫度」這個詞，
但體感溫度和氣溫有何不同？
身體感覺到的究竟是什麼？

體感溫度就是肌膚感受到的溫度

　　氣溫指的是大氣中的溫度，至於體感溫度則是肌膚感受到的溫度，兩者雖然相似，卻是不同的東西。

　　皮膚上有受器用以捕捉外界資訊，並將接收到的資訊以感覺的形式傳達給腦部。對溫度有反應的受器會感知溫度，由腦部做出「冷、熱」的判斷。

　　但身體所感知的，並不是只有氣溫，夏天也會因為艷陽而感覺到熱，冬天受寒風吹拂會感到冷。也就是實際感受到的溫度，會受到陽光、風的大小、濕度等因素影響，氣溫只是影響體感溫度的因素之一。體感溫度可以藉由包含了氣溫、陽光、風速、濕度等變數的公式計算出來，並以數字表示。氣象預報提到的體感溫度就是用這種方式得來的。

　　其實在夏天也可以透過調整體感溫度的方式消暑。像有些車站前的公車站或大家習慣約見面、等朋友的人潮密集處，會設置遮陽棚或噴灑水霧的

機器。體感溫度下降的話，可以減輕身體的負擔，許多地方都能見到類似這樣的巧思。

　　冬天經常用到的加濕器則具有增加濕度，藉此提升體感溫度的效果。以前的人習慣將水壺放在暖爐上燒水，或許也是因為透過經驗得知以蒸氣增加濕度的話，會感覺更溫暖的緣故。

　　經過以上的說明可以知道，體感溫度其實與我們的生活息息相關。對體感溫度多加留意的話，相信能讓日常生活更加舒適。

體感溫度與濕度

在不同濕度下，即使室溫相同，體感溫度也會不一樣。

寒冷

溫暖

雖然同樣是20℃

濕度低 ➡ 濕度高

每次出門旅行
就會便祕……

有些人平時上廁所都沒問題，但出門旅行就容易便祕。

吃的明明比平時多，卻大不出來……。

開心出門旅行難道也會對身體造成不好的影響？

旅行中充滿了各種造成便祕的因素

便祕是指排便次數較平時減少、排便不易、無法順暢大乾淨的狀態。學界對於便祕的定義分歧，也沒有統一的標準判定多少天沒有大便的話算是便祕。

引起便祕的原因五花八門，而且很多就存在於旅行之中。排便的機制與調節體內環境的自律神經有很大關係。副交感神經可促進消化，有助排便；但交感神經若是活躍運作，胃液及腸液的分泌就會減少、腸胃蠕動變慢，容易發生便祕。有別於平日生活的旅行環境、長途移動等，往往會對交感神經形成刺激。交感神經受到刺激，便有可能導致排便困難。

交感神經活躍不僅會使腸胃蠕動減弱，也會影響睡眠，造成不易入睡、睡眠品質變差，無法獲得充足睡眠。尤其旅行時往往會因為玩得太嗨而熬夜，自律神經則因為生活作息被打亂而受到干擾，進而造成副交感神經的運作變差，陷入惡性循環。

水分不足也是導致便祕的原因之一，許多人在旅行時也常會忘記喝水。水分若是不夠，會使得糞便變硬難以排出。

想要排便順暢的話，飲食內容也要多加注意。即使平日都努力維持飲食均衡，旅行時卻往往不見得做得到。相信大家都知道，食物纖維不足會導致便祕。蔬菜及水果富含的植物纖維會成為腸道菌的食物來源，有助於排便順暢。

預防旅行時便祕的方法包括了維持正常作息、留些時間給自己放鬆、準備助眠用品、勤於攝取水分、避免營養失衡等，其實都能在旅途中輕易做到。另一個重點是先確認好廁所位置，這樣就不用擔心便意突然湧現時還得急忙找廁所。

建議大家確實執行以上方法，以免被便祕破壞了旅行的興致。

旅行時可以這樣做

多喝水

早上或睡前做簡單的伸展或瑜珈

留些時間給自己放鬆

多走路

不要打亂原本的作息

維持飲食均衡

A型、B型、
O型、AB型這些
血型有何不同？

許多戀愛或性格測驗都會用血型做依據，
血型也時常成為聊天的話題。
但每種血型之間究竟有什麼不一樣？

血型是用紅血球來分類

　　我們一般所說的A型、B型、O型、AB型等血型，是依紅血球表面的抗原做出的分類。紅血球的表面如果有A抗原便是A型，有B抗原的話則是B型，這種分類方式叫作ABO血型系統。若兩種抗原皆有則是AB型，兩種皆無的是O型。

　　進行輸血時特別需要注意血型的差異。輸血基本上要使用相同血型的血，如果混入了不同血型的血，會發生一種名為抗原抗體反應的激烈排斥反應。例如，若對A型的人輸B型的紅血球，會引發強烈副作用，嚴重的話甚至可能死亡。正因為如此，輸血原則上都是使用同血型的血，醫療院所在進行輸血前也會進行嚴格的檢查及確認，以避免發生錯誤。

　　ABO血型系統的血型取決於遺傳，基因型會決定一個人的血型。血型是A型的人，基因型有AA與AO兩種排列組合，B型的人則為BB與BO。AB型僅有A、B一種基因型，O型也僅有O、O一種。

子女會從父母各得到一半基因，血型便是因此決定的。根據雙方基因的排列組合，父母若都是A型，也有可能生下O型的小孩；如果父母是A型與B型，小孩有機會是AB型。基本上血型一輩子都不會改變，但若因罹患白血病或惡性淋巴瘤等疾病而接受造血幹細胞移植的話，血型有可能會改變。

順帶一提，日本人之中各血型的比例高低依序為A型→O型→B型→AB型。血型除了ABO系統外，也有與輸血相關的Rh血型系統。另外，白血球也有所謂的HLA（人類白血球抗原）血型，在進行造血幹細胞移植時扮演重要的角色。

血型不只是茶餘飯後的聊天話題，實際上更是關係到生命的重要資訊。

血型的分類

A抗原　　B抗原

A型　　B型　　AB型　　O型

自己／對方	A（AA・AO）	B（BB・BO）	AB（A・B）	O（O・O）
A（AA・AO）	A　O	所有血型	A　B　AB	A　O
B（BB・BO）	所有血型	B　O	A　B　AB	B　O
AB（A・B）	A　B　AB	A　B　AB	A　B　AB	A　B
O（O・O）	A　O	B　O	A　B	O

紅血球上約有400種抗原。

A型帶有A抗原，B型帶有B抗原，AB型兩者皆有，

O型則是兩者皆無。

為什麼慣用手是右手的人比較多？

沒有特別決定要用左手或右手時，
自然而然會去使用的那隻手便是慣用手。
為什麼慣用手會有左右之分呢？

全世界約有9成的人是右撇子

要用手做出精細的動作或運動時，自然而然較常使用的手稱為慣用手。全世界不論哪個國家都是慣用右手的人較多，慣用左手的人大約只佔一成人口。據說即使在遠古時代，兩者的比例也和現在一樣。

慣用手有左右之分的原因存在各種解釋，最被廣泛接受的說法是慣用手取決於左腦及右腦何者的運作較為活躍。這種見解認為，由於連接腦與身體的神經會在中途交叉，因此左腦較發達的人慣用手為右手，而慣用手為左手的人則相反。也有說法主張，如果劍士慣用左手的話，會變成以左手持劍、右手持盾，但右手難以保護位在左側的心臟。其他見解還包括了慣用手其實與遺傳有關等。一般似乎普遍認為，慣用手為右手的人與慣用手為左手的人在做各種動作時，運用腦部的方式有所不同。

雖然目前還無法得知慣用手是如何決定的，但慣用左手或右手這件事的確會對日常生活造成一些影響。開罐器或剪刀等許多物品原本都是設計給

慣用右手的人使用的，因此慣用左手的人可能會覺得使用不便。至於運動方面，慣用左手的人在棒球及網球等領域有時則較具優勢。由於不同慣用手各有其擅長之處，因此無法一概而論哪一隻手是慣用手比較好。

　　雖然慣用手是天生的，但還是可以透過練習讓另一隻手變靈巧，有些棒球選手就會為了在打擊時取得優勢而從右打改練成左打。由於外科醫生需要進行極為精細的作業及具備高度技術，據說也會以慣用手與非慣用手使用筷子進行練習。就算已經成年了，仍然有可能憑藉著努力改變自己的慣用手。如果能將兩手練得一樣靈活，以因應不同需求及狀況的話，相信會帶來許多好處。

腦部與慣用手的關係

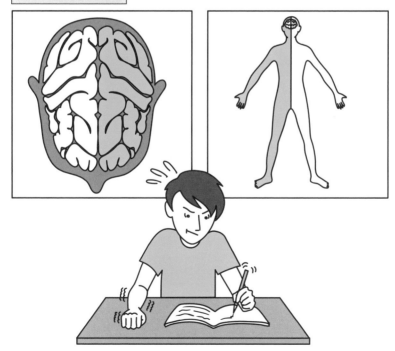

慣用手與非慣用手都使用，或許有助於活化腦部！

吃優格
可以改善免疫力？

吃優格可以提升免疫力，
使身體更為強健，
這種說法是真的嗎？

乳酸菌能調理腸道環境，使免疫系統運作

優格能提升免疫力這種說法最大的根據，在於乳酸菌的功效（參閱 P160）。使用乳酸菌發酵牛奶或乳製品等所製成的食物，含有大量乳酸菌。腸是人體之中與免疫系統關係最密切的器官，全身的免疫細胞約有 70％位在腸黏膜。

乳酸菌能夠調理腸道環境，使免疫系統有效運作。換句話說，腸的健康對於免疫十分重要。

腸內的免疫細胞會與腸道菌一同合作對抗外來的病原體。腸道菌包括了會保護身體的好菌，對身體有害的害菌，以及會依狀況轉變為好菌或害菌的伺機菌。腸道菌聚集成的腸道菌叢會在各自取得均衡的狀態下棲息於腸道，一般認為維持腸道健康的最佳比例為好菌2：害菌1：伺機菌7。雖然害菌過多的話會危害身體，但由於害菌具有將蛋白質分解為糞便排出體外的作用，因此某種程度上還是有必要的。

　　腸道菌叢比例若是失衡，免疫細胞的作用、腸黏膜的防禦機能會減弱，容易遭病原體侵入至血管內，進而引發傳染病。

　　優格所含的乳酸菌會打造出接近酸性、害菌不易生存的腸道環境，改善腸內菌叢的均衡狀態。雖然有說法認為乳酸菌若無法活著抵達腸道就沒有意義，但即使乳酸菌在抵達腸道前就已經死了，其實也沒有關係。死去的乳酸菌可以做為原本便棲息於腸道之乳酸菌的養分，增加好菌的比例。

　　除了乳酸菌外，優格還含有維生素A及B、鈣質、蛋白質等各種人體所需的營養素。

　　另外，優格打開後如果放了一段時間，表面會出現類似水的白色液體，這其實是乳清，含有蛋白質、維生素、礦物質等營養素，一樣是可以吃的，千萬別浪費了。

　　優格不僅能使免疫系統有效運作，也是一種營養豐富又方便的食物。平時不妨建立吃優格的習慣，相信會有助於抵擋細菌及病毒入侵身體。

腸道菌叢的比例

一般認為，腸道菌叢的理想比例是
好菌 2 成，害菌 1 成，伺機菌 7 成。

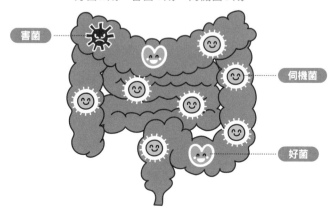

害菌

伺機菌

好菌

指甲留一輩子的話
可以留到
跟籃框一樣高！

指甲屬於皮膚的一部分，
具有幫助我們更容易抓住東西等作用，其實相當重要。
指甲每天都在生長，
因此一不留神的話很容易就變長了。

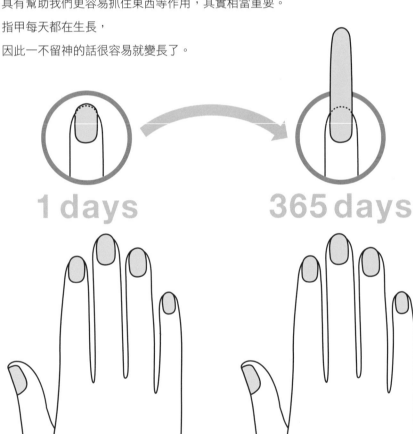

1 days　　　　　365 days

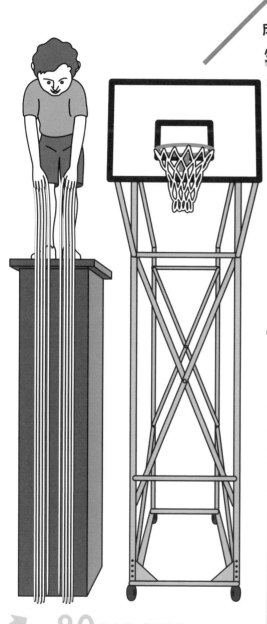

成人的指甲
生長速度大約是
每天0.1公釐。
1年等於3.65公分，

若都沒有折斷也沒有修剪，
一直持續留下去的話，
80年可以留到
2公尺92公分這麼長。

這幾乎等於籃框的高度。

80 years

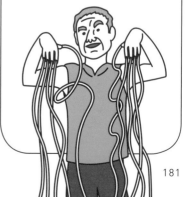

順帶一提……

根據金氏世界紀錄，全世界
指甲留得最長的人雙手所有
指甲加起來共有9公尺85
公分之多。這些指甲並不是
筆直生長，途中便已彎曲轉
向。

為什麼
男人也有乳頭？

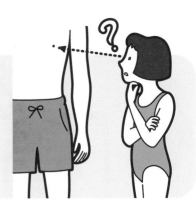

女性的乳房會分泌母乳，
既然男性不需要哺乳，
為什麼還是有乳頭呢？

在決定性別以前，細胞就已經被製造出來了

乳房的作用是製造乳汁（母乳）哺育幼兒。幼兒不僅透過母乳攝取營養、完善免疫機能，哺乳也能建立起母嬰間的情感連結。

男性不會分泌母乳，但也同樣有乳頭的原因出在子宮內進行細胞分裂的時期。

來自雙親的染色體，會決定精子與卵子結合而成的受精卵將變為男性的身體，或是女性的身體。受精卵起初基本上是以變為女性的身體為前提進行細胞分裂的。細胞逐漸出現男女的身體之分，是在受精後大約第6週，決定性別的基因開始運作的時期。由於在此前6週的時間內，胎兒的身體上就已經形成乳頭了，因此男性出生時便是有乳頭的狀態。但男性與女性不同，乳房不會變大，也不會製造乳汁。

女性的乳房之所以會變大，是受到女性荷爾蒙運作影響，使得肌肉上方的脂肪組織發達，並且有乳腺負責製造乳汁。雖然男性也會分泌女性荷爾

蒙，但與女性相比，量相當少，所以乳房不會變大。

　　受女性荷爾蒙影響而發達的乳腺，在哺乳期會因為一種名為催乳素的激素作用而製造乳汁。如果有什麼原因導致男性血液中的女性荷爾蒙及催乳素增加的話，男性也有可能出現有如女性豐滿的乳房，或是分泌乳汁。

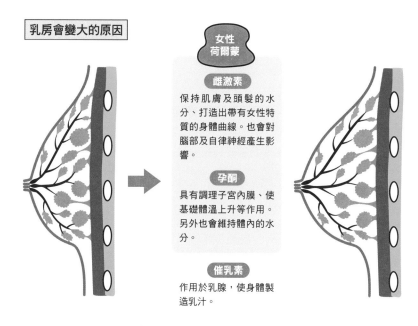

乳房會變大的原因

女性荷爾蒙

雌激素

保持肌膚及頭髮的水分、打造出帶有女性特質的身體曲線。也會對腦部及自律神經產生影響。

孕酮

具有調理子宮內膜、使基礎體溫上升等作用。另外也會維持體內的水分。

催乳素

作用於乳腺，使身體製造乳汁。

荷爾蒙會使得女性的乳腺發達、乳房變大，
男性則沒有女性般發達的乳腺。
但是男性也有可能得到乳癌、乳腺病。

人為什麼
會流眼淚？

我們在開心、難過、不甘心，
或是想要忍耐卻壓抑不住情緒時都會流淚。
人到底為什麼會流眼淚呢？

眼淚具有紓解壓力、鎮定心情的作用

　　我們在看情節感人的電影，或是與親近的人離別等時刻，常會不由自主地落淚。眼淚是由位於上眼瞼深處的淚腺所分泌，據說是人體最乾淨的排出物。

　　腦科學將伴隨著哭、笑等肢體表達的暫時性劇烈情緒起伏稱為「情感」。情緒的起伏之所以會使人流淚，是因為情緒經歷到某些遭遇而產生波動，化為眼淚。

　　依分泌的機制不同，眼淚可分為以下三種。

● **基礎分泌的眼淚**：為保護眼球及補充營養，會隨時微量分泌。

● **反射性的眼淚**：因異物進入眼睛或洋蔥的刺激等而反射性分泌。

● **情感性的眼淚**：難過、不甘心、感動等狀況下伴隨著情緒所分泌。

　　眼淚的分泌會受到屬於自律神經的副交感神經影響。一般認為，難過或不甘心時所流的眼淚，是一種壓力反應。出現強烈情緒時，代表使身體亢

奮的交感神經處在緊張狀態。交感神經過度緊張會對身體造成壓力。為了減輕伴隨壓力而來的負擔，作用與交感神經相反的副交感神經便會活躍起來，因而使人流淚。順帶一提，有説法認為，當我們感受到壓力時，哭出來後會覺得心情舒暢許多，是因為身體感覺到壓力時所分泌的激素與淚水一同排出了體外的緣故。

平常不太會哭的人，如果由於疲勞或身體不適等原因而變得對壓力敏感，有可能會因為些微的小事就掉淚。

另外，當我們嚎啕大哭時，鼻水也可能會流個不停，這是眼睛與鼻子之間有鼻淚管相連的緣故，大量的眼淚會經過鼻淚管變成鼻水流出來。

眼淚不只保護了我們的眼睛，也關係到內心的平靜，作用十分重要。想哭的時候不要強忍，好好哭一場或許反而能幫助自己找回好心情。

情感與眼淚

自身的遭遇造成情緒起伏，因而流淚。

遭遇狀況　　　　情緒起伏　　　　流出眼淚

人一生所流的眼淚
相當於 14.5 瓶
2 公升的寶特瓶

我們的身體隨時都在製造眼淚，不是只有難過或異物進到眼睛時才會流淚。
眼淚可以帶來滋潤、運送氧氣及營養，
是協助眼睛正常運作的重要角色。

人體1天會製造**約1毫升**的眼淚。

1年則為365毫升，

80年就有2萬9200毫升，

也就是約**29.2公升。**

若換算成2公升的寶特瓶，

約等於14.5瓶。

80 years

破解老化之謎

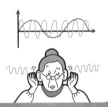

人體數字大解密
9‧心臟篇

人 的 心 臟 一 生 送 出 的 血 液 總 量
可 以 裝 滿 一 艘 20 萬 噸 油 輪 ！

為什麼年紀大了
聲音會變低沉？

隨著年齡增長，聲音也會出現些許變化，
高低可能會變得和以前不一樣。
年齡也會對聲音造成影響嗎？

聲音和身體一樣會老化

我們的聲音是透過位在喉嚨的聲帶振動所製造的。吐氣時當空氣流經喉嚨，會令聲帶振動，藉此發出聲音。

聲音的高低會隨聲帶大小及振動次數而改變，青春期時由於聲帶長大，因此會變聲。過了青春期後，聲音仍有可能隨年齡增長出現變化，像是聲音高低變得不同或是變沙啞，這是聲帶會隨年齡增加而變窄，以及帶動聲帶的肌肉衰退，使得聲帶無法緊密閉合的緣故。原本應該完全閉合的聲帶若是出現縫隙，會導致空氣外洩，聲帶不易振動，聲音因此聽起來沙啞。雖然聲帶到70歲左右才會變窄，但聲帶周圍的肌肉從30多歲開始就會衰退。

聲音的變化男女有別，男性會變得比原來稍高一點，女性則是會稍低一些，並不是每個人上了年紀之後聲音都會變低。

除了年齡因素外，攝取過量香菸、辛辣食物、高酒精度數的酒類等生活

習慣也會造成喉嚨的負擔，影響到聲音。要特別注意的是，疾病也會導致聲音產生變化。如果講話的聲音變得不一樣，發出聲音時會感到疼痛或不適的話，有可能是疾病造成的。

　　若想維持喉嚨健康，平日就要做好保養。喉嚨太乾燥的話會無法正常運作，可以透過戴口罩、使用加濕器保持室內濕度、攝取充足水分等方式替喉嚨保濕。年齡造成的聲音改變雖然無法避免，但還是能加以改善或預防。例如，在浴室唱歌、刻意憋氣、吹氣球等方法都有助於鍛鍊帶動聲帶的肌肉、增加肺活量。

造成聲音改變的原因

聲帶

聲帶會在青春期長大，因而變聲。

聲帶變窄，帶動聲帶的肌肉衰退。

【導致聲音異常的疾病】

喉炎	聲帶結節	聲帶息肉
息肉樣聲帶	主動脈瘤	肺癌

等

為什麼看電視動不動就會哭？

上了年紀以後，
不管看什麼電視節目都很容易哭，
這也和年齡有關嗎？

因年齡增長也變得更容易感同身受

我們流的眼淚可以分為三種（參閱P184），分別是會隨時分泌的基礎分泌的眼淚、異物跑進眼睛時流的反射性的眼淚、伴隨情緒等所流的情感性的眼淚。看電視看到哭出來這種情況屬於情感性的眼淚，當我們產生強烈情緒時，副交感神經的運作會變活躍，因而分泌眼淚。

一般認為，上了年紀會變得容易哭，是因為累積了豐富的人生閱歷，所以更容易對他人感同身受。電影或電視劇的情節並非發生在我們身邊的故事，也不是真實存在，但許多人還是會將情感帶入到劇中角色身上，因而看到落淚。相較於電影或電視劇，報導性節目基本上都是真人真事，或許更容易使人帶入情感。換句話說，看電視動不動就會哭的人，可以說是更容易對他人感同身受，並不是因為年紀大了所以淚腺關不起來。

但除了變得更具同理心這個原因外，失智也有可能使人變得容易落淚，必須多加注意。失智會出現因為些微的小事就大哭、勃然大怒之類，情緒

不穩的症狀（情緒失禁）。另外，適應障礙症、憂鬱症等精神疾病同樣有可能使人變得愛哭。

　　過度擔憂固然不是好事，但也要記得，變得容易落淚這件事其實有可能是疾病造成的。如果有內心煩躁靜不下來、對任何事都提不起勁等心理症狀，並同時出現沒有食慾、容易疲倦、失眠等生理症狀的話，應盡早尋求專業人士協助，不要硬撐。

　　因帶入情感、覺得感同身受而流淚這件事，某方面而言代表擁有豐富的人生閱歷。嘗遍了人生各種滋味，在上了年紀後對任何人都能夠感同身受其實並不是壞事。

因感同身受而流的眼淚

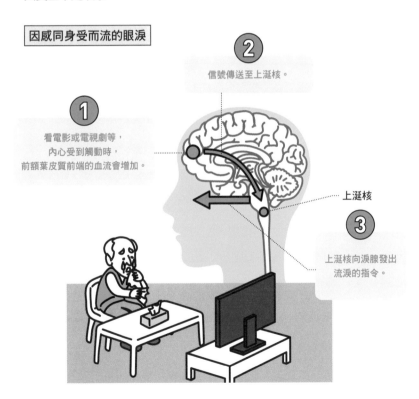

② 信號傳送至上涎核。

① 看電影或電視劇等，內心受到觸動時，前額葉皮質前端的血流會增加。

上涎核

③ 上涎核向淚腺發出流淚的指令。

為什麼人上了年紀就會變得健忘？

做事做到一半卻忘了自己原本要做什麼，
剛聽過的話馬上就忘記……。
為什麼上了年紀後會容易忘東忘西呢？

提取記憶的迴路效率變差了

我們會將透過視覺及聽覺取得的外部資訊當作「記憶」儲存在腦中。記憶對於日常生活的品質及工作表現而言十分重要，但隨著年齡增長，人會變得不容易記住新的事物，或是經常忘東忘西。這是因為我們沒有辦法順利提取保存起來的記憶了。

當我們要記憶某件事時，腦內會製造出新的神經迴路。要提取資訊時，電子訊號會流經該迴路，這便是記憶的運作方式。一般認為，人在年輕時有好幾組能夠有效提取記憶的迴路，但由於迴路會隨著年齡增加而減少，因此變得健忘。另外，有效率的迴路變少了，也會使人難以記住新的事物。要完全預防因腦部的變化所導致的健忘並非易事，而且腦容量終究有限，若想要有效運用，有時就得忘掉一些東西。如果只是偶爾記性不好的話，不用過度擔心。

但要注意的是，有些健忘其實與失智症有關。當腦部機能下降，會出現

記憶障礙及無法辨時間及地點、說不出話、做不到原本有能力做的事等症狀。因精神機能的衰退或消失，導致無法維持日常生活及社會生活的狀況一般稱為失智症。但對生活幾乎不構成影響的健忘，也仍有可能是輕度認知障礙，未來會惡化為失智症。導致這種情形的原因之一是短期記憶的中樞——海馬迴的萎縮。

失智症是一種每個人都有可能會得，與我們切身相關的疾病。根據預測，日本未來罹患失智症的人將逐步增加，2012 年時的失智症患者為 462 萬人，到了 2025 年會上升至約 700 萬人。

如果經常忘東忘西，不僅會造成日常生活不便，也容易產生人際關係的困擾。醫院的健忘門診及失智症門診能協助診斷是否有失智症、接受相關生活諮詢，因此尋求專家協助也不失為一個好方法。

因年齡導致的各種健忘

忘記與人約見面

忘記吃了什麼

想不起人名

找不到東西

漏買東西

遺忘物品

為什麼年紀大了會變得不容易聽見高音？

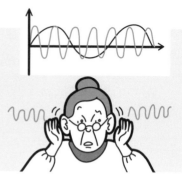

上了年紀之後聽力變差，
是每個人都可能會遭遇到的事。
但為什麼聽不到高音的情況特別普遍呢？

年齡造成的聽力下降在聽高音時尤其明顯

　　聽覺會隨年齡逐漸衰退，因年齡增長造成的聽力障礙稱為老年性聽障，特徵是左右兩耳聽力衰退的程度差不多，而且進程達數十年之久。聽高音的聽力會率先衰退，變得不容易聽見高音，有可能聽得到男性的聲音，女性或小孩的聲音卻難以聽到。高齡人士的聽力障礙非常普遍，據説在75歲以上的人口中佔了約七成之多。

　　耳內的毛細胞損傷減少，是造成老年性聽障的原因之一。毛細胞位在內耳的耳蝸，作用是感知聲音信號並傳至腦部。聽力障礙可大致分為傳導性聽力障礙與感音性聽力障礙，若因年齡增長使得毛細胞受傷損壞，便會導致感音性聽力障礙，不容易感知到聲音。腦部的認知功能下降、傳導聲音的神經功能下降等也會造成老年性聽障，原因十分複雜。

　　若出現了老年性聽障，會無法與身邊的人正常交談，容易對人際關係產生負面影響，陷入孤立狀態。與他人的互動不足也會導致認知功能下降，

因此身邊的人必須給予支持、協助。

　和耳朵不好的長輩說話時，要注意說話放慢、發音清晰、聲音盡量低沉、讓對方看見自己的嘴型等幾個重點，讓溝通更為順暢。

　另外，使用助聽器也能有效改善聽力。雖然有些人可能覺得戴助聽器會顯得自己老態龍鍾而心生抗拒，但聽力障礙是引發失智症的原因之一，因此一般都建議最好盡早使用助聽器。

　老年性聽障是一種伴隨年齡而來的身體變化，無法完全阻止其發生。毛細胞一旦損傷便不會復原，因此年輕時就要遠離噪音，盡量延緩惡化速度以進行預防。糖尿病、動脈硬化、血脂異常症等生活習慣病都會令老年性聽障惡化，因此預防上述疾病也是保護聽力重要的一環。

與年長者對話時要注意的重點

重點

用冷靜低沉的聲音說話
用低沉的聲音慢慢說比大聲說話更容易被聽見。

重點

減少周圍的雜音
關掉電視或收音機聽對方說話。

重點

進行確認
談重要的事情時要一面進行確認。

為什麼
上了年紀的人
都會早起？

明明沒有睡得很熟，
但一醒來就再也睡不回去了。
人的睡眠也會隨年齡而出現變化嗎？

年紀大了後所需要的睡眠量會減少

睡眠是消除一天的疲勞、維持健康不可或缺的行為。許多人在年輕時不曾出現睡眠方面的困擾，但隨著年齡增長卻漸漸變得容易早早醒來。

一般認為，最主要的原因在於年長者所需要的睡眠時間變短了。與20多歲的人相比，65歲的人所需的睡眠時間少了大約1小時。許多人上了年紀後，即使沒有睡意還是經常很早就寢，但這樣不僅不易入睡，而且到了半夜就會醒來，之後很難再睡著。晝夜節律（Circadian Rhythm）原本約以一天為週期，當隨著年齡增加而出現偏差，就會進一步引發愈來愈早睡早起的惡性循環。老人家習慣早起便是這種因年齡產生的身體變化造成的。

老化對睡眠的影響不是只有早起而已。我們在睡眠時，睡得較淺的快速動眼期與睡得較深的非快速動眼期會反覆循環。當年紀大了，非快速動眼期的時間會減少，整體睡眠變得較淺。夜裡會因為尿意或周遭的一點聲音

醒來好幾次就是這個緣故。

　　另外，雖然需要的睡眠時間變短了，但年紀愈大，待在床上的時間卻往往愈長。處在恍恍惚惚卻睡不著的狀態下久了，就無法得到熟睡的感覺，最終導致睡眠品質不佳。順帶一提，我們通常以為睡覺時打呼代表睡得很熟，但這其實是睡眠狀態不穩定的表現，反而不容易得到熟睡感。

　　維持良好睡眠品質最重要的方法，是白天及晚上從事的活動要做出區隔，像是白天時適度運動、午覺不要睡太久等。如果因為太早醒來而感到困擾的話，刻意晚點睡或許會有幫助。

改善睡眠的方法

好好吃早餐

白天適度運動

睡前不要滑手機等，創造有助提升睡眠品質的環境

若有失眠困擾，向專業人士尋求協助

避免熬夜，維持正常體內節律

為什麼
會容易漏尿？

只是打個噴嚏結果就漏尿了，

趕緊跑去廁所也來不及……。

為什麼年紀大了會容易漏尿呢？

漏尿是骨盆底肌群的肌力下降及攝護腺肥大等所導致

　　隨著年齡增加，身體會出現各種變化，容易發生漏尿、排尿次數變多、排尿不順、有殘尿感等排尿相關的問題。不受自身意志控制而漏尿的情形叫作尿失禁，大致可分為四種類型。

●**應力性尿失禁**：腹部用力時會漏尿。

●**急迫性尿失禁**：突然感覺到尿意，因憋不住而漏尿。

●**溢流性尿失禁**：持續處於尿液累積在膀胱的狀態，頻繁地少許漏尿。

●**功能性尿失禁**：排尿功能正常，但因失智症而不知道廁所在哪裡，或因

　　行走障礙而來不及前往廁所等，類似狀況造成的漏尿。

　　當人到了老年，可能會有不只一種的類型綜合起來引發尿失禁。應力性尿失禁常見於女性，原因在於懷孕、生產、老化使得支撐膀胱及尿道等部位的骨盆底肌群不如以往有力。原本應該藉由肌肉關閉的尿道沒有關緊，因此些微的刺激就會造成漏尿。另外，女性的尿道僅有3～4公分長也是

原因之一。

　　急迫性尿失禁則多發生於男性，會突然湧現強烈尿意，因無法忍住而漏尿。一般認為原因可能是排尿相關的神經異常，或是「膀胱過動症」造成膀胱過度活動，導致突然收縮。隨年齡增長而發生的攝護腺肥大也是急迫性尿失禁的原因之一。攝護腺肥大還會引起同樣常見於男性的溢流性尿失禁。男性的尿道有15～20公分長，尿道附近有攝護腺圍繞，因此不容易發生應力性尿失禁。

　　鍛鍊骨盆底肌群能夠有效改善輕度的應力性尿失禁。為避免弄髒衣物及內褲，也可以使用漏尿墊維持清潔。若選擇用自己的方式處理尿失禁問題則必須注意，如果原本有機會治好，卻堅持自己找方法而不就醫的話，日常生活有可能會一直受到影響。目前醫療機關採用的治療方式包括了口服藥及手術等。

骨盆底肌鍛鍊操

②～④的動作為1組，1天做2～3組。

一個拳頭寬

① 膝蓋彎曲仰躺，雙腿間留一個拳頭寬的空隙。

腹部放鬆

② 手抵住腹部，注意力放在陰道、肛門、尿道，像是要上提到胃部般夾緊這些部位。

10秒

③ 夾緊10秒後放鬆，休息10秒，這樣重複10次。

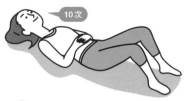

10次

④ 接著以較快的節奏重複夾緊與放鬆陰道、肛門、尿道的動作10次。

人的壽命
最多能有多長？

由於醫療及科學的進步，
人類也預期將愈來愈長壽。
到底我們能夠活到多少歲呢？

人類可以活到120歲

根據厚生勞動省公布的「令和元年簡易生命表」（2019年），日本國內的日本人平均壽命為男性81.41歲，女性87.45歲。男女皆刷新了最高紀錄，顯示出日本人有變得更長壽的趨勢。

但就目前而言，人類還無法做到不老不死。如果沒有因為疾病或意外死亡的話，一般認為人類大概能活到120歲。金氏世界紀錄認定的有史以來最長壽的人，是一位122歲的法國女性。

端粒是與人的壽命及老化有關的因素之一。端粒位在細胞的染色體末端，每細胞分裂一次就會變短，當縮短到了一定長度，就會無法再進行細胞分裂。細胞分裂次數的極限稱為「海佛烈克極限」，代表了細胞的老化。目前尚未研究出其背後的原因，無法斷定這是否就是決定人類壽命的主因。

另外，雖然目前也存在活化某種基因能夠增加壽命、限制熱量可延長壽

命等說法，但似乎並沒有一種方法能夠真正延長壽命。

WHO有一項用於評估人類壽命的指標叫作「健康餘命」，指的是日常生活沒有因健康問題而受限的期間，臥病在床或失智症等需要照顧的期間皆不列入計算。從「QOL（Quality of Life）」，也就是生活品質這個詞愈來愈常見就可看出，對於生存意義及日常生活的滿意度是目前相當受到關注的議題。

2016年時日本的健康餘命為男性72.14歲，女性74.49歲，與歐美各國相比，臥病在床的時間較長。若希望在老年時依舊有精神及活力享受生活，除了單純地增加壽命外，設法延長自己的健康餘命也一樣重要。

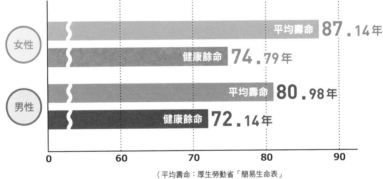

健康餘命與平均壽命（2016年）

女性 平均壽命 **87**.14年
健康餘命 **74**.79年

男性 平均壽命 **80**.98年
健康餘命 **72**.14年

0　　　60　　　70　　　80　　　90

（平均壽命：厚生勞動省「簡易生命表」
健康餘命：「第11次健康日本21（第二次）推動專門委員會資料」）

人的心臟
一生送出的血液總量
可以裝滿一艘 20 萬噸油輪！

為了將血液送往全身，心臟不眠不休地重複收縮與舒張的動作。

也由於從不休息，因此送出的血液總量十分驚人。

成人處於平靜狀態時，

1分鐘的心跳約為60～80下。

若以1分鐘70次計算，1小時為4200次，

1天則有10萬800次。

假設一生有80年的話，總數為

10萬800次 × 365天 × 80年
＝29億4336萬次

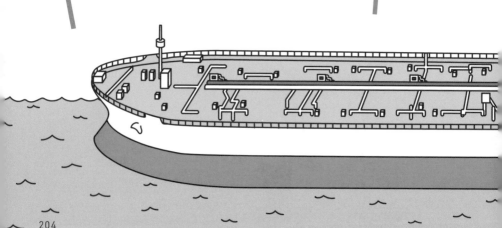

心臟收縮一次
會送出約 70 毫升的血。

以 1 分鐘心跳 70 下計算的話，
1 天送出的血液為
70 毫升 × 70 次 × 60 分鐘 × 24 小時 =
705 萬 6000 毫升 = 7056 公升。

假設人生有 80 年的話，

7056 公升 × 365 天 × 80 年
= 2 億 603 萬 5200 公升。

大約等於 20 萬噸的巨型油輪滿載的量。

捐血

一次約 400 毫升

大型冰箱

容量約 500 公升

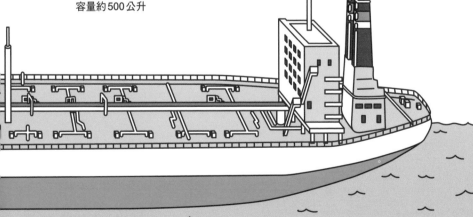

参考文献

- ●『運動・からだ図解 新版 生理学の基本』中島雅美・著 マイナビ出版
- ●『運動・からだ図解 新版 解剖学の基本』松村讓兒・監修 マイナビ出版
- ●『骨粗鬆症ハンドブック 改訂6版』中村利孝・著、松本俊夫・著 医薬ジャーナル社
- ●『健康長寿のためのスポートロジー〔改訂版〕』田城孝雄・著、内藤久士・著 放送大学教育振興会
- ●『骨粗鬆症の予防と治療ガイドライン2015年版』
  骨粗鬆症の予防と治療ガイドライン作成委員会・編集 ライフサイエンス出版
- ●『生活習慣病骨折リスクに関する診療ガイド2019年版』日本骨粗鬆症学会
  生活習慣病における骨折リスク評価委員会 委員長 杉本利嗣・著 ライフサイエンス出版
- ●『病気がみえるvol.1 消化器』『病気がみえるvol.2 循環器』『病気がみえるvol.4 呼吸器』
  『病気がみえるvol.5 血液』『病気がみえるvol.6 免疫・膠原病・感染症』
  『病気がみえるvol.8 腎・泌尿器』医療情報科学研究所・編集 メディックメディア
- ●『イラストでまなぶ人体のしくみとはたらき 第3判版』田中越郎・著 医学書院
- ●『乳房の科学 ―女性のからだとこころの問題に向きあう―』
  乳房文化研究会・編集、北山晴一・編集、山口久美子・編集、田代眞一・編集 朝倉書店
- ●『Newton 大図鑑シリーズ 人体大図鑑』坂井建雄・監修 ニュートンプレス
- ●『睡眠学』日本睡眠学会・編集 朝倉出版
- ●『分子脳科学：分子から脳機能と心に迫る』三品昌美・編集 化学同人
- ●『脳科学のはなし 科学の眼で見る日常の疑問 』稲場秀明・著 技報堂出版
- ●『ひと目でわかる体のしくみとはたらき図鑑』
  大橋順・監修、桜井亮太・監修、千葉 喜久枝・翻訳 創元社
- ●『睡眠科学 最新の基礎研究から医療・社会への応用まで』三島和夫・編集 化学同人
- ●『サーカディアンリズムと睡眠』千葉茂・編集、本間研一・編集 新興医学出版社
- ●『やさしい自律神経生理学 ―命を支える仕組み』鈴木郁子・著 中外医学社
- ●『動脈硬化性疾患予防のための脂質異常診療ガイド 2018年版』
  日本動脈硬化学会・著 日本動脈硬化学会
- ●『皮膚科エキスパートナーシング （改訂第2版)』瀧川雅浩・編集、白濱茂穂・編集 南江堂
- ●『乳酸菌の疑問50 (みんなが知りたいシリーズ14)』日本乳酸菌学会・編集 成山堂書店
- ●『天気痛 つらい痛み・不安の原因と治療方法』佐藤純・著 光文社
- ●『この1冊で極める頭痛の診断学』柴田靖・著 文光堂
- ●『小児・思春期の頭痛の診かた：これならできる! 頭痛専門小児科医のアプローチ』
  荒木 清・編集、桑原健太郎・編集、藤田光江・監修 南山堂
- ●『ネッターのスポーツ医学全書I』熊井司・監修、
  クリストファー・C・マッデン・編集、マーゴット・プトゥキアン・編集、その他 ガイアブックス
- ●『骨と筋肉 (ミクロワールド人体大図鑑)』逸見明博・編集、
  医学生物学電子顕微鏡技術学会・編集、宮澤 七郎・島田 達生・監修 小峰書店
- ●『基礎栄養学 第5版』灘本知憲・編集 化学同人
- ●『楽しく学べる味覚生理学』山本隆・著 建帛社
- ●『イラストでまなぶ生理学 第3版』田中越郎・著 医学書院
- ●『蚊のはなし ―病気との関わり―』上村清・編集 朝倉書店
- ●『緩和ケアレジデントの鉄則』西智弘・編集、松本禎久・編集、森雅紀・編集、
  山口崇・編集、柏木秀行・編集 医学書院
- ●『なぜからはじまる体の科学「食べる・出す」編』鯉淵典之・監修 保育社
- ●『なぜからはじまる体の科学「聞く・話す」編』狭間章博・著、垣内景・著 保育社
- ●『生活機能からみた 老年看護過程 第4版：＋病態・生活機能関連図』山田律子・著 医学書院
- ●『マルチアングル人体図鑑 脳と感覚器』高沢謙二・監修 ほるぷ出版
- ●『改訂版 摂食嚥下・口腔ケア』三鬼達人・著、編集 照林社
- ●『老化の生物学：その分子メカニズムから寿命延長まで』
  石井直明・編集、丸山直記・編集 化学同人
- ●『老年看護学技術 （改訂第2版)：最後までその人らしく生きることを支援する』
  真田 弘美・編集、正木治恵・編集 南江堂
- ●『抗加齢医学入門 第3版』米井嘉一・著 慶應義塾大学出版会
- ●『眼科学 第3版』大鹿哲郎・編集、園田康平・編集、近藤峰生・編集、稲谷大・編集 文光堂
- ●『髪のスペシャリストが教える髪の大事典 傷んだ髪は復元できる!』
  社団法人日本毛髪構造機構研究会・著 徳間書店
- ●『ワクチン：基礎から臨床まで』日本ワクチン学会・編集 朝倉書店
- ●『エキスパートが疑問に答える ワクチン診療入門』
  谷本哲也・著、編集、蓮沼翔子・著、編集、濱木珠恵・著、編集、久住英二・著、編集 金芳堂
- ●『ワクチンと予防接種のすべて 第3版 見直されるその威力』
  尾内一信・著、編集、高橋元秀・著、編集、田中慶司・著、編集、三瀬勝利・著、編集金原出版
- ●『感染制御の基本がわかる 微生物学・免疫学』増澤俊幸・著 羊土社

- ●『トートラ人体の構造と機能 第5版（原書15版）』
  桑木 共之・編集、翻訳、黒澤美枝子・編集、翻訳、高橋研一・編集、翻訳、細谷安彦・編集、翻訳 丸善出版
- ●『解剖生理をひとつひとつわかりやすく。』
  看護版ひとつひとつわかりやすく。編集チーム・編 学研メディカル秀潤社
- ●『脳科学のはなし』稲場秀明・著 技報堂出版
- ●『抗加齢医学入門 第3版』米井 嘉一・著 慶應義塾大学出版会
- ●『呼吸器感染症の診かた,考え方ver.2』青島正大・著 中外医学社
- ●『眠れなくなるほど面白い 図解 肝臓の話』栗原毅・監修 日本文芸社
- ●『腸を活性化させる食べ方と生活』高橋健太郎・監修 辰巳出版
- ●『朝5時起きが習慣になる「5時間快眠法」』坪田聡・著 ダイヤモンド社

参 考 官 網

- ● e-ヘルスネット
- ● 厚生労働省
  平成30年国民健康・栄養調査結果の概要／こころの耳／みんなのメンタルヘルス
  平成22年度花粉症対策／はじめに～花粉症の疫学と治療そしてセルフケア～
  花粉症の民間対策について／的確な花粉症の治療のために（第2版）
  ウエストナイルウイルス媒介蚊の調査および防除マニュアル
  けんけつHOP STEP JUMP／令和元年簡易生命表の概況／予防接種状況
  令和元年（2019）人口動態統計月報年計（概況）の概況／平成26年度衛生行政報告例の概況
  2019年国民生活基礎調査の概況／国民の皆さまへ（新型コロナウイルス感染症）
  知ることからはじめようみんなのメンタルヘルス
  コメディカルが知っておきたい花粉症の正しい知識と治療・セルフケア
  平成30年国民健康・栄養調査結果の概要／「新しい生活様式」における熱中症予防行動のポイント
  令和元年（2019）人口動態統計月報年計（概数）の概況／健康づくりのための睡眠指針2014
  高齢化に伴い増加する疾患への対応について
  認知症施策の総合的な推進について（参考資料）令和元年6月20日
  平成26年度衛生行政報告例の概況／健康づくりのための睡眠指針2014
- ● 農林水産省
  カプサイシンに関する情報／「食事バランスガイド」について
- ● 環境省
  まちなかの暑さ対策ガイドライン改訂版／紫外線環境保険マニュアル2020
- ● 文部科学省 幼児期運動指針
- ● 内閣府
  平成30年度版高齢社会白書／令和2年版高齢社会白書（概要版）の第2節 高齢期の暮らしの動向
- ● 日本生気象学会 気象病・天気痛委員会プロジェクトワーキンググループの立ち上げについて
- ● 日本臨床内科医会
- ● 原発性局所多汗症診療ガイドライン2015年改訂版
- ● 潰瘍性大腸炎の皆さんへ 知っておきたい治療に必要な基礎知識 第4版
  難治性炎症性腸管障害に関する調査研究（鈴木班）
- ● 国税庁
  テーマ02「あなたはお酒が強い人？弱い人」
- ● 一般社団法人日本呼吸器学会
  誤嚥性肺炎
- ● 日本臨床医学発毛協会
  AGAとは

論 文、研 究、報 告

- ● 岩合昭直, 布施沙由理, and 淵ノ上真太郎. "サージカルフェイスマスクを使用した走行が呼吸機能に及ぼす影響." 大学院紀要＝ Bulletin of the Graduate School, Toyo University 49 (2012) : 321-332.
- ● 木戸聡史. 身体運動と呼吸負荷を組み合わせたトレーニング時の呼吸循環応答と生理学的効果の特徴. Diss. 千葉大学＝ Chiba University, 2019.
- ● 山本正彦. "呼吸筋トレーニングの実践例と課題." 体力科学 66.1 (2017) : 14-14.
- ● 木戸聡史. "新たな呼吸筋トレーニング方法の可能性." 理学療法-臨床・研究・教育 25.1 (2018) : 3-10.
- ● 丸山徹, and 深田光敬. "不整脈の心身医学." 心身医学 60.5 (2020) : 405-409.
- ● 山崎允宏, and 吉内一浩. "動悸について." 心身医学 58.8 (2018) : 740-746.
- ● 竹本毅. "診断の指針・治療の指針しゃっくり（吃逆）の診断と治療." 綜合臨床 58.7 (2009) :1618-1620.

監修

中島雅美

1956年出生於福岡縣，1978年自九州復健大學畢業，後任職於福岡大學醫院復健科等。1983年成為西日本復健學院專任講師，1992年就任該校教務課長。1996年就讀放送大學教養學部，主修「身心發展與教育」，2000年畢業。2012年出任國試塾復健學院校長、PTOT教育學習研究所所長，並擔任九州醫療運動專門學校顧問。主要著作包括《運動‧からだ図解 新版 生理学的基本》（マイナビ出版）、《理学療法士‧作業療法士 PT‧OT基礎から学ぶ 生理学ノート》（医歯薬出版）等。

Staff

裝幀‧本文設計／木村由香利 (986DESIGN)
插畫／楠本礼子
執筆協力／野田裕貴
編輯／有限会社ヴュー企画 (野秋真紀子)
企劃‧編輯／端 香里 (朝日新聞出版 生活‧文化編集部)

圖解不可思議的

人體機密檔案

出　　　　版／楓葉社文化事業有限公司
地　　　　址／新北市板橋區信義路163巷3號10樓
郵 政 劃 撥／19907596 楓書坊文化出版社
網　　　　址／www.maplebook.com.tw
電　　　　話／02-2957-6096
傳　　　　真／02-2957-6435
監　　　　修／中島雅美
翻　　　　譯／甘為治
責 任 編 輯／王綺
內 文 排 版／謝政龍
港 澳 經 銷／泛華發行代理有限公司
定　　　　價／380元
出 版 日 期／2022年6月

國家圖書館出版品預行編目資料

圖解不可思議的人體機密檔案／中島雅美監修；甘為治翻譯. -- 初版. -- 新北市：楓葉社文化事業有限公司, 2022.06
面；　公分

ISBN 978-986-370-417-1（平裝）

1. 人體學　2. 通俗作品

397　　　　　　　　　　111004832